KB105706

EBS 대표 국어 강사 강용철 선생님의

문해력 꽉 잡는
한자 어휘 365

EBS 대표 국어 강사 강용철 선생님의

문해력 꽉 잡는 한자 어휘 365

펴낸날 초판 1쇄 2024년 8월 20일 | 초판 2쇄 2024년 10월 25일

지은이 강용철

펴낸이 임호준
출판 팀장 정영주
책임 편집 조유진 | **편집** 김은정 김경애
디자인 김지혜 | **마케팅** 길보민 정서진
경영지원 박석호 유태호 신혜지 최단비 김현빈

인쇄 (주)웰컴피앤피

펴낸곳 비타북스 | **발행처** (주)헬스조선 | **출판등록** 제2-4324호 2006년 1월 12일
주소 서울특별시 중구 세종대로 21길 30 | **전화** (02) 724-7648 | **팩스** (02) 722-9339
인스타그램 @vitabooks_official | **포스트** post.naver.com/vita_books | **블로그** blog.naver.com/vita_books

ISBN 979-11-5846-422-6 13590

비타북스는 독자 여러분의 책에 대한 아이디어와 원고 투고를 기다리고 있습니다.
책 출간을 원하시는 분은 이메일 vbook@chosun.com으로 간단한 개요와 취지, 연락처 등을 보내주세요.

비타북스는 건강한 몸과 아름다운 삶을 생각하는 (주)헬스조선의 출판 브랜드입니다.

EBS 대표 국어 강사 강용철 선생님의

문해력 꽉 잡는 한자 어휘 365

들어가는 말

'심심한 사과'에서 '심심하다'의 뜻을 모른다고요? 그럴 수 있어요. 요즘 학생들이 잘 쓰지 않는 어려운 말이니까요. 가정통신문에 나온 '중식 제공'에서 '중식'을 '중국 음식'으로 알았다고요? '점심'이라는 말을 쓰면 헷갈리지 않겠네요. '금일' 과제가 있다고요? '금일'을 '오늘'이라고 바꾸면 '금요일'이라고 착각하지 않겠어요. 이런 상황이 언론에 자주 보도되며 어휘력, 문해력이 관심을 받았어요.

하지만 제 관심사는 조금 다릅니다. 수업 시간에 하나의 큰 개념을 배울 때는 중간에 작은 어휘들을 사용합니다. 학습을 위한 도구어, 즉 집을 지을 때 쓰는 벽돌과 같은 도구어가 있습니다. 이런 '학습도구어'를 잘 모르면 큰 개념도 어렵게 느껴지고 이해가 되지 않습니다. 작은 어휘를 잘 모르니 큰 개념은 더 어렵겠지요. 이 책은 소중한 제자들이 작은 어휘의 뜻을 제대로 모른 채 두루뭉술하게 넘어가는 것을 막기 위해 세상에 나오게 되었습니다.

이 책이 필요한 친구들입니다.

- 수업 시간에 어떤 용어를 들었을 때, 대충은 알지만 설명은 어려운 학생!
- 친구한테 뜻을 물어보면 "이것도 몰라?"라고 핀잔을 들을 것 같아 걱정되는 학생!
- 어휘가 부족해서 책을 읽거나 대화할 때 어려움이 있는 학생!
- 이번 기회에 자신의 실력을 점검하고 싶은 학생!
- 어휘는 공부의 디딤돌이자 뼈대라는 생각에 동의하는 학생!

이 책을 공부하는 방법입니다.

이 책은 마라톤과 같은 책입니다. 재미보다 의미가 더 크고, 그래서 생각보다 인내심이 필요합니다. 100미터 달리기처럼 뛰는 공부가 아니라, 긴 호흡으로 가는 책입니다. 매일 하나씩 공부하면 1년이 걸리고, 이틀에 하나씩 공부하면 2년이 걸리고, 3일에 하나씩 공부하면 3년이 걸립니다. 걱정입니다! 이 책을 공부하는 도중에 "다음 생애에 다시 만나자!" 하고 놓아 버리는 학생이 있을 것 같아서요.

하지만 끝까지 공부한다면 수업 시간에 선생님의 말씀이 쉽게 이해되고, 책을 읽어도 내용이 잘 파악되며, 다른 사람과 막힘없이 술술 대화하는 놀라운 현상을 경험하게 될 것입니다.

이 책은 더럽게 사용해야 합니다. 책을 깨끗하게 볼 생각을 버리시길 바랍니다. 상단에 나온 단어의 뜻에 밑줄을 그으며 공부하고, 예문에서 사용된 어휘에 별표를 치며 주목하길 바랍니다. 하단에 나온 한자도 한 번씩 써 보기를 권장합니다.

이 책은 만만하지 않습니다. 하지만 열심히 공부하면 다른 사람이 여러분을 만만하게 볼 수 없게 됩니다. 이 책은 무겁습니다. 그러나 그만큼 여러분의 지식도 무겁게 자리 잡을 것입니다. 이제 신발 끈을 묶고 머리띠를 두르며, '어휘 공부'라는 마라톤을 시작합시다. 여러분을 응원합니다.

- 강용철 선생님이

차례

문해력 꽉 잡는 한자 어휘 초급

문해력 꽉 잡는 한자 어휘 중급

문해력 꽉 잡는 한자 어휘 고급

이 책 읽는 법

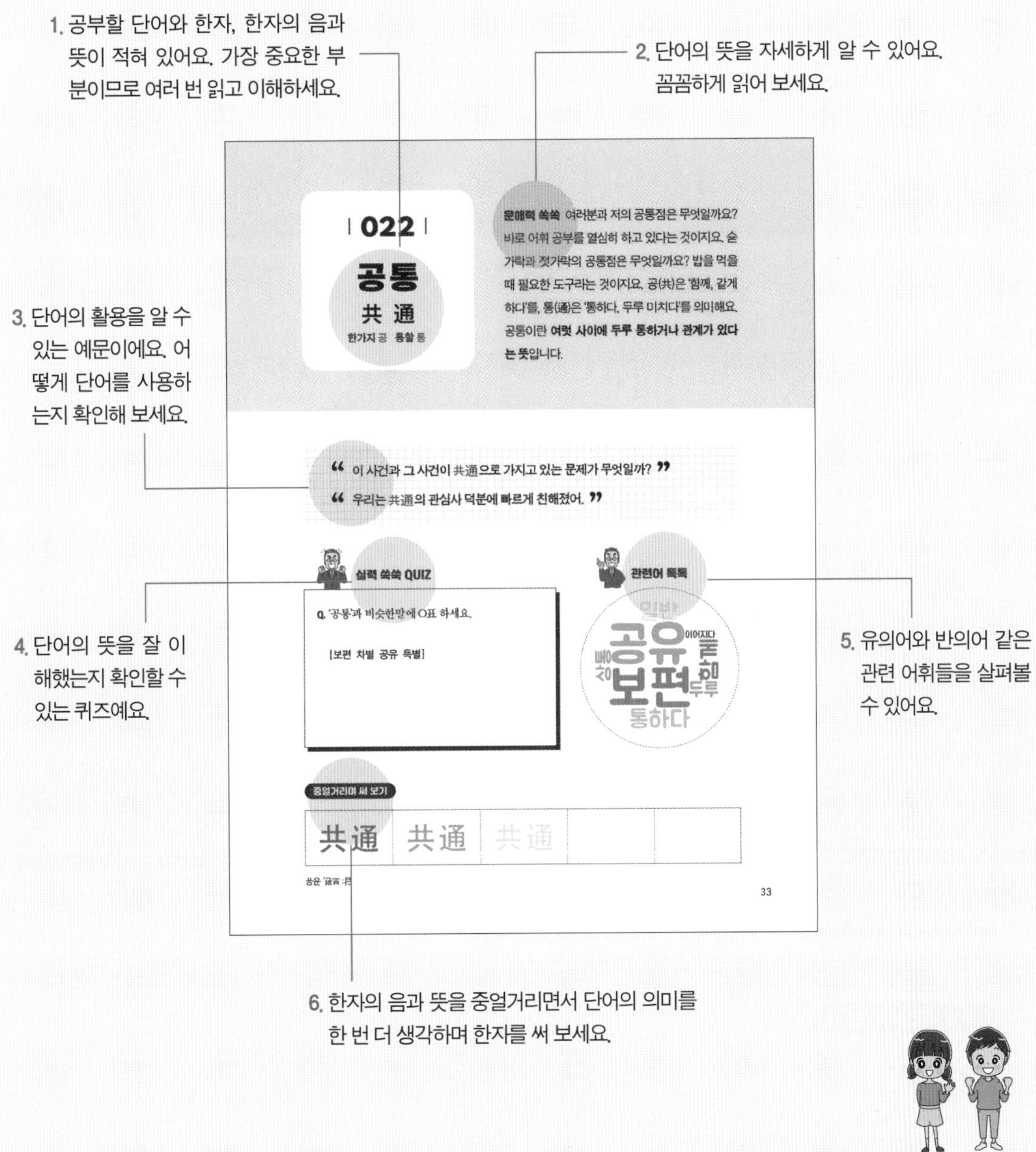

1. 공부할 단어와 한자, 한자의 음과 뜻이 적혀 있어요. 가장 중요한 부분이므로 여러 번 읽고 이해하세요.
2. 단어의 뜻을 자세하게 알 수 있어요. 꼼꼼하게 읽어 보세요.
3. 단어의 활용을 알 수 있는 예문이에요. 어떻게 단어를 사용하는지 확인해 보세요.
4. 단어의 뜻을 잘 이해했는지 확인할 수 있는 퀴즈예요.
5. 유의어와 반의어 같은 관련 어휘들을 살펴볼 수 있어요.
6. 한자의 음과 뜻을 중얼거리면서 단어의 의미를 한 번 더 생각하며 한자를 써 보세요.
| 022 |
공통
共 通
한가지 공 통할 통
문해력 쑥쑥 여러분과 저의 공통점은 무엇일까요? 바로 어휘 공부를 열심히 하고 있다는 것이지요. 숟가락과 젓가락의 공통점은 무엇일까요? 밥을 먹을 때 필요한 도구라는 것이지요. 공(共)은 '함께, 같게 하다'를, 통(通)은 '통하다, 두루 미치다'를 의미해요. 공통이란 여럿 사이에 두루 통하거나 관계가 있다는 뜻입니다.
“ 이 사건과 그 사건이 共通으로 가지고 있는 문제가 무엇일까? ”
“ 우리는 共通의 관심사 덕분에 빠르게 친해졌어. ”
실력 쑥쑥 QUIZ
Q. '공통'과 비슷한말에 O표 하세요.
[보편 차별 공유 특별]
관련어 톡톡
공유
보편
이어지다
통하다
두루
중얼거리며 써 보기
共通 共通 共通
33

| 001 |

주제
主 題
주인 주 제목 제

문해력 쑥쑥 국어 시간에 '글쓴이, 소재, 주제'와 같은 말을 들어 본 적이 있지요? 주(主)는 '주인, 주체'를, 제(題)는 '제목, 물음'을 의미해요. 그러니까 주제는 **작품에 나타나는 중심 생각이나 중심이 되는 문제**를 말하는 것입니다. 국어 공부를 잘하려면 글의 주제를 잘 파악해야 한답니다.

" 〈내 친구 영희〉라는 시는 친구를 배려하자는 主題를 이야기하고 있어요.
글쓴이가 전달하고자 하는 主題를 잘 기억해야 해요. "

실력 쑥쑥 QUIZ

Q. '주제'라는 어휘를 넣어 문장을 만들어 봅시다.

[예시] 이 그림은 환경을 보호하자는 주제를 표현했다.

관련어 톡톡

중얼거리며 써 보기

主題	主題	主題		

| 002 |

예시

例 示

법식 예(례) 보일 시

문해력 쏙쏙 누군가의 설명을 듣다가 갑자기 '예를 들면, 예컨대'라는 말이 나오면 눈이 번쩍 떠지고, 귀가 쫑긋해지지요? 예(例)는 '본보기, 보기'를, 시(示)는 '보이다, 알리다'를 뜻해요. 예시는 **이해를 돕기 위해 구체적인 본보기가 되는 예를 드는 방법**을 말하지요. 전하려는 의미를 구체적이고 분명하게 이해하도록 돕는 역할이랍니다.

"사랑에는 여러 종류가 있어요. 例示를 들면(예를 들면) 부모님과 자녀의 사랑, 이성 간에 사랑, 반려동물과의 사랑 등이에요."

실력 쏙쏙 QUIZ

Q. 초성 단서를 보고 빈칸에 들어갈 단어를 맞혀 봅시다.

예시는 [ㅂㅂㄱ]나 [ㅂㄱ]를 제시하는 방법입니다.

관련어 톡톡

중얼거리며 써 보기

例示	例示	例示		

답: 본보기, 보기

| 003 |

정지
停 止
머무를 정 그칠 지

문해력 쑥쑥 신호등에 빨간불이 들어오면 ○○하고, 발야구 게임을 할 때는 ○○된 공을 발로 차지요? ○○에 들어갈 답은 바로 '정지'입니다. 정(停)은 '멈추다, 서다'를, 지(止)는 '멎다, 그치다'를 의미해요. **움직이고 있던 것이 멈추거나 그친다는 뜻**입니다. 위험 신호를 보면 안전하게 잠시 정지하세요.

“ 대중교통이 운행을 停止하여 많은 사람이 당황하고 있어요. ”

실력 쑥쑥 QUIZ

Q. 다음 중 '정지'와 비슷한말이 <u>아닌</u> 것은?

① 중지 ② 마비 ③ 진행 ④ 멈춤 ⑤ 그침

관련어 톡톡

중얼거리며 써 보기

停止	停止	停止		

답: ③

| 004 |

중심
中 心
가운데 중 마음 심

문해력 쑥쑥 외나무다리를 건널 때 떨어지지 않으려면 이것을 잘 잡아야 하지요? 양궁에서 활을 쏠 때는 과녁의 이 부분을 맞혀야 합니다. 중(中)은 '가운데'를, 심(心)은 '마음, 생각, 근본'을 의미해요. 즉, **사물의 가운데로, 매우 중요하고 기본이 되는 부분**입니다. 중심을 잘 잡아야 몸도 마음도 원하는 대로 움직이겠지요?

“ 공을 찰 때는 中心 부분을 잘 봐야 합니다. ”

“ 항상 평정심을 유지하며 中心을 잘 잡아야 한다. ”

실력 쑥쑥 QUIZ

Q. 초성 단서를 보고 빈칸에 들어갈 단어를 맞혀 봅시다.

중심과 비슷한말에는 [ㄱㅇㄷ], 중앙, 핵심이 있다.

관련어 톡톡

중얼거리며 써 보기

中心	中心	中心		

답: 가운데

| 005 |

단지

但 只

다만 단 다만 지

문해력 쑥쑥 '단지'라는 말을 들으면 무엇이 떠오르나요? 솥단지? 고추장 단지? 아파트 단지? 단(但)은 '다만'을, 지(只)도 '다만, 뿐'을 의미해요. 즉, **다만, 오직**이라는 뜻이지요. 선생님의 바람은 단 하나, 단지 여러분이 어휘 공부를 열심히 하는 것뿐이랍니다.

" 자신 있는 과목은 但只 국어밖에 없어.
그래서 내 책가방에는 但只 국어책만 들어 있을 뿐이야. "

실력 쑥쑥 QUIZ

Q. '단지'라는 어휘를 넣어 문장을 만들어 봅시다.

[예시] 우리는 단지 같은 반이라는 이유로 친해졌어.

관련어 톡톡

중얼거리며 써 보기

但只	但只	但只		

| 006 |

명령

命 令

목숨 명　하여금 령

문해력 쑥쑥 명령을 받는다고 하면 왠지 기분이 좋지 않지요? 반대로 명령을 한다고 하면 왠지 높은 사람이 된 것 같아요. 명(命)은 '목숨, 명령'을, 령(令)은 '하여금, 하게 하다'를 의미해요. 명령은 **회사나 군대에서 윗사람이 아랫사람에게 하는 말, 법에서 어떤 일을 하도록 하는 내용**을 말합니다.

" 어제 이순신 장군이 나오는 영화를 봤어.
부하들에게 命令하는 당당한 모습이 멋져 보였어. "

실력 쑥쑥 QUIZ

Q. '명령'이라는 말을 쓰기 어려운 경우는?

① 군대에서 상사가 부하들에게 지시할 때

② 회사에서 팀장이 신입사원에게 업무를 시킬 때

③ 친구에게 아이스크림을 사러 가자고 말할 때

관련어 톡톡

중얼거리며 써 보기

命令	命令	命令		

답: ③

| 007 |

상하
上 下
윗 상 아래 하

문해력 쑥쑥 위와 아래가 들어간 말에는 어떤 것이 있을까요? 위층-아래층, 윗사람-아랫사람, 윗옷-아래옷! 상(上)은 '위'를, 하(下)는 '아래'를 의미합니다. 상하는 **위와 아래를 이르는 말**이지요. **오르고 내림, 좋고 나쁨**으로 쓰이기도 해요. 아! 책 중에 상권과 하권으로 나뉜 책들을 표기할 때도 이 한자를 쓴답니다.

" 멋진 티셔츠를 샀어. 그리고 며칠 후에 디자인이 예쁜 바지를 샀어. 두 개를 같이 입었는데, 上下가 어울리지 않더라. 이럴 수가. "

실력 쑥쑥 QUIZ

Q. '상(上)-하(下)'와 같은 관계가 아닌 것은?

① 작다 - 크다
② 쓰다 - 적다
③ 높다 - 낮다

관련어 톡톡

중얼거리며 써 보기

上下	上下	上下		

답: ②

| 008 |

통일

統 一

거느릴 통 한 일

문해력 쑥쑥 중국 음식점에 갔어요. 무엇을 먹을까요? 부모님도 짜장면, 나도 짜장면, 동생도 짜장면! 힘차게 주문을 외칩니다. "짜장면으로 통일이요." 통(統)은 '거느림, 큰 줄기'를, 일(一)은 '하나, 동일'을 의미해요. 즉, 통일은 **'하나로 모인다, 여러 요소가 같거나 일치되다, 한곳에 모이다'**라는 뜻입니다.

" 삼국 시대는 신라가 삼국 統一을 이루며 막을 내렸어요. "

" 이번 안건은 만장일치로 統一되었다. "

실력 쑥쑥 QUIZ

Q. '통일'이라는 예문이 적절하게 사용된 것은?

① 이 공간과 저 공간을 나누어서 統一했어.

② 친구들과 같은 음식을 먹기로 의견을 統一했어.

③ 사람들의 생각이 모두 달라서 의견이 統一되었어.

관련어 톡톡

중얼거리며 써 보기

統一	統一	統一		

답: ②

| 009 |

원인

原 因

근원 원 인할 인

문해력 쑥쑥 어휘력이 좋아진 원인이 무엇일까요? 바로 한자 어휘 365로 공부한 덕분이지요. 원(原)은 '근원'을, 인(因)은 '까닭, 근본, 유래'를 뜻합니다. 즉, 원인은 **어떤 사물이나 상태를 변화하거나 일으키게 하는 근본이 된 일이나 사건**을 의미합니다. 원인을 잘 파악하면 결과가 달라질 수 있어요.

" 학교에서 국어 실력에 대해 칭찬받은 原因을 분석해 보니
어휘 공부를 열심히 해서 독해력이 좋아졌기 때문이었어. 후훗! "

실력 쑥쑥 QUIZ

Q. '원인'과 결과의 내용을 채워 봅시다.

(원인) 잠을 못 잤다. ⇨ (결과) 피곤하다.

(원인)................ ⇨ (결과)................

관련어 톡톡

중얼거리며 써 보기

原因	原因	原因		

| 010 |

가입

加 入

더할 가 들 입

문해력 쑥쑥 가입 신청서라는 말을 들어 본 적이 있나요? 동아리 가입 신청서, 보험 가입 신청서 등에서 가입이라는 말이 사용되곤 해요. 가(加)는 '더하다'를, 입(入)은 '들다, 들어가다'를 뜻하지요. 가입이란 **어느 조직이나 단체에 들어가거나 돈을 내고 어떤 서비스를 받는 경우**에 사용합니다.

" 우리 동아리는 한자 어휘를 공부하는 조직이다. 못 믿겠지? 加入할래? 한번 가입하면 탈퇴할 수 없어. 하하하! "

실력 쑥쑥 QUIZ

Q. 초성 단서를 보고 '가입'의 반대말을 적어 봅시다.

가입 ⇔ ㅌㅌ

관련어 톡톡

중얼거리며 써 보기

加入	加入	加入		

답: 탈퇴

| 011 |

결과

結 果

맺을 결 실과 과

문해력 쑥쑥 밤에 야식을 많이 먹으면 어떻게 될까요? 살이 찌지요. 매일 운동하면 어떻게 될까요? 튼튼해지겠지요. 원인에 따라 무엇이 달라질까요? 바로 결과입니다. 결(結)은 '맺다, 열매를 맺다, 끝내다'를, 과(果)는 '나무의 열매, 이룸, 해냄'을 뜻해요. 결과는 **어떤 원인으로 결말이 생기다, 결실을 맺는다**는 의미이지요.

" 매일 노래 연습을 열심히 한 結果 가수가 될 수 있었어요. "

" 한자 어휘를 매일 공부한 結果 국어 시험에서 만점을 받았어. "

실력 쑥쑥 QUIZ

Q. '결과'와 비슷한말에 모두 O표 하세요.

[동기 열매 결실 원인 이유]

관련어 톡톡

중얼거리며 써 보기

結果	結果	結果		

답: 열매, 결실

| 012 |

조언

助 言

도울 조 말씀 언

문해력 쑥쑥 공부를 잘하는 방법, 축구를 잘하는 방법, 친구를 잘 사귀는 방법……. 이런 게 궁금하다면 어떻게 해야 할까요? 주변 사람에게 조언을 구해야겠죠. 조(助)는 '도움, 돕다'를, 언(言)은 '말씀, 언어'를 뜻해요. 즉, **도움이 될 수 있는 말, 도움을 주는 말, 말로 깨우쳐 주어서 돕는다는 의미**이지요.

“ 선생님, 미래에 어떤 직업을 가지면 좋은지 助言해 주세요. ”

“ 助言받는 것도 좋지만 다양한 정보를 찾아보길 추천해요. ”

실력 쑥쑥 QUIZ

Q. 누군가에게 조언해 준 경험이 있나요? 어떤 상황에서, 무슨 조언을 해 줬는지 이야기해 봅시다.

관련어 톡톡

중얼거리며 써 보기

助言	助言	助言		

| 013 |

차이

差 異

다를 차 다를 이

문해력 쑥쑥 차이 나! 중국이 떠오른다고요? 영어를 잘하는 친구군요. 하지만 여기에서는 다른 뜻이 있어요. 차(差)는 '다르다, 남다르다, 견주다'를, 이(異)는 '다르다, 다른 것'을 의미해요. '차이(나다)'는 **서로 같지 아니하고 다름(다르다)**을 뜻합니다. 성격 차이, 의견 차이에 쓰이는 것을 본 적이 있지요?

" 같은 시대에 살지만 나이 대가 다른 사람들 사이에 나타나는 생각의 차이를 '세대 差異'라고 해요. "

실력 쑥쑥 QUIZ

Q. '차이'와 비슷한말이 아닌 것에 O표 하세요.

[격차 괴리 갭(gap) 유사]

관련어 톡톡

중얼거리며 써 보기

差異	差異	差異		

답: 유사

| 014 |

생활

生 活

날생 살활

문해력 쑥쑥 일상○○, 사회○○, 사○○, 학교○○! 공통적으로 사용된 단어가 무엇일까요? 생(生)은 '나다, 태어나다, 살다'를, 활(活)은 '살다, 생활하다'를 뜻해요. '생활'은 **사람이나 동물이 일정한 환경에서 활동하며 살아가는 것**을 뜻합니다. 또한 **생계를 이어 가거나 살림을 꾸려 가는 것**을 뜻하기도 해요.

" 과거와 다르게 기술이 발전하면서 사람들의 生活 방식이 많이 달라졌어요. "

" 철수가 쓴 책이 베스트셀러가 되어서 生活에 여유가 생겼다고 하네. "

실력 쑥쑥 QUIZ

Q. '생활'이라는 어휘를 넣어 문장을 만들어 봅시다.

[예시] 생활 터전을 잡았어요. / 동물의 생활을 관찰해요.

관련어 톡톡

중얼거리며 써 보기

生活	生活	生活		

| 015 |

효과
效 果
본받을 효 실과 과

문해력 쑥쑥 몸이 아파 병원에 다녀온 가족이 치료 효과가 있다고 하네요. 다행이지요? 효(效)는 '본받다, 드리다, 주다'를, 과(果)는 '열매, 해냄, 이룸'을 의미해요. 효과는 **보람이 있는 좋은 결과, 어떤 행위에 의해 나타나는 만족스러운 결과**를 뜻합니다. 여러분도 열심히 어휘 공부한 효과가 있으면 좋겠군요.

" 이 약은 감기 예방에 정말 效果가 있어요.
약을 먹으며 충분하게 푹 쉬어야 效果가 더 커진답니다. "

실력 쑥쑥 QUIZ

Q. '효과'를 사용하기에 어색한 상황은?

① 어떤 일에 대해 좋은 결과가 있을 때
② 어떤 목적을 위해 한 것이 보람이 있을 때
③ 의도한 것과 다른 결과가 나와서 깜짝 놀랐을 때

관련어 톡톡

중얼거리며 써 보기

效果	效果	效果		

답: ③

| 016 |

문장

文 章

글월 문 글 장

문해력 쑥쑥 그동안 작성한 일기장을 읽어 볼까요? 솔직한 감정을 담은 문장도, 맞춤법이 서툰 문장도 있군요. 문(文)은 '글월, 무늬'를, 장(章)은 '글, 문장'을 뜻합니다. 즉, 문장이란 **생각이나 감정을 글로 표현할 때 완결된 내용을 나타내는 단위**입니다. 또한 글을 뛰어나게 잘 짓는 사람도 문장이라고 하기도 해요.

" 글을 다시 고치면서 맞춤법에 어긋난 文章을 고쳤어요.
그랬더니 文章이 아주 깔끔해졌어요. "

실력 쑥쑥 QUIZ

Q. 문장가를 의미하는 외래어는?

① 유튜버
② 스타일리스트
③ 헬스트레이너

관련어 톡톡

중얼거리며 써 보기

文章	文章	文章		

답: ②

017

전시

展 示

펼 전 　 보일 시

문해력 쑥쑥 그림 전시, 우수 작품 전시라는 말을 들어 본 적이 있지요? 전(展)은 '펴다, 늘이다'를, 시(示)는 '보이다, 알리다'를 뜻해요. 즉, 전시는 **여러 가지 것들을 한곳에 벌여 놓고 보이는 것**을 말합니다. 미술 작품 전시, 문화재 전시라는 표현에서 '전시'라는 말을 쉽게 찾을 수 있어요.

> " 방학 과제를 정말 열심히 한 덕분에
> 개학 후에 제 과제가 우수 과제로 선정되어 展示되었답니다. "

실력 쑥쑥 QUIZ

Q. '전시'와 비슷한 의미를 가진 외래어는?

① 디스토피아

② 디스카운트

③ 디스플레이

중얼거리며 써 보기

展示	展示	展示		

답: ③

| 018 |

직접
直 接
곧을 직 이을 접

문해력 쑥쑥 축구에서 찬 공이 다른 사람의 몸에 맞지 않고 들어가는 것을 직접 프리킥이라고 해요. 다른 사람을 거치지 않고 거래하는 것을 직접 거래, 즉 직거래라고 하지요. 이처럼 직(直)은 '곧다, 바르다'를, 접(接)은 '사귀다, 교제하다'를 의미해요. **중간에 제삼자나 매개물 없이 바로 연결되는 것**을 직접이라고 합니다.

" 이 물건은 直接 만나서 거래하고 싶어요. "

" 글짓기 대회 상장을 교장 선생님께서 直接 전달해 주셨어. "

실력 쑥쑥 QUIZ

Q. 다음 중 '직접'의 반대말은?

① 간접
② 복잡
③ 다양

관련어 톡톡

중얼거리며 써 보기

直接	直接	直接		

답: ①

| 019 |

사고

思 考

생각 사　생각할 고

문해력 쑥쑥 뉴스에 나오는 교통사고, 이처럼 불행한 일에 쓰이는 '사고'가 이 단어일까요? 아니에요. '사고'의 한자를 돋보기로 들여다봅시다. 사(思)는 '생각, 마음'을, 고(考)도 '곰곰이 생각하다, 살펴보다'를 뜻해요. 즉, 사고는 **'생각하고 궁리함'**을 말합니다. 생각하는 능력을 '사고 능력', 앞선 생각을 '진보적인 사고'라고 말하기도 하지요.

" 인간은 동물에게서는 찾아보기 힘든 思考 능력을 갖추었어요. "

" 이 문제는 깊게 思考해서 해결해야 해. "

실력 쑥쑥 QUIZ

Q. '사고'와 비슷한말에 모두 O표 하세요.

[생각 사유 배격 궁리 반대]

관련어 톡톡

중얼거리며 써 보기

思考	思考	思考		

답: 생각, 사유, 궁리

| 020 |

설득

說 得

말씀 설 얻을 득

문해력 쑥쑥 토론할 때는 상대를 ○○하는 것이 중요합니다. 놀리는 것! 화내는 것! 아니죠. 바로 설득하는 것입니다. 설(說)은 '말씀, 말, 이야기'를, 득(得)은 '얻다, 이득'을 뜻해요. 설득이란 **상대방, 상대편이 이쪽 편의 이야기를 따르도록 하기 위해, 여러 가지로 깨우쳐 말하는 것**입니다. 즉, 다양한 근거로 설명해서 납득시키는 것이지요.

" 코치는 운동을 그만하려는 철수를 說得하였습니다.
하지만 고집이 센 철수는 說得당하지 않았습니다. "

실력 쑥쑥 QUIZ

Q. '설득'과 비슷한 다음 단어의 뜻을 국어사전에서 찾아봅시다.

[회유]

뜻: ____________________

관련어 톡톡

중얼거리며 써 보기

說得	說得	說得		

| 021 |

위대

偉 大

클 위 클 대

문해력 쑥쑥 '위대'의 뜻은? 위가 커서 많이 먹는다고요? 물론 그것도 위대지만, 보통은 '자연의 위대함을 느꼈다'와 같은 상황에 사용하지요. 위(偉)는 '크다, 훌륭하다'를, 대(大)는 '크다, 높다'를 의미해요. 즉, 위대는 **도량이나 능력, 업적 따위가 뛰어나고 훌륭함**을 말해요. 우리 모두 위대한 사람이 되기 위해 어휘 공부를 열심히 해 보아요.

" 그 사람은 시련과 역경을 이겨내고 偉大한 업적을 쌓았습니다. "

" 부모님의 사랑보다 偉大한 것은 없다. "

실력 쑥쑥 QUIZ

Q. '위대'한 인물에는 누가 있을까요? 자신이 생각하는 위대한 인물과 그 이유를 써 봅시다.

인물: ______________________

이유: ______________________

관련어 톡톡

중얼거리며 써 보기

偉大	偉大	偉大		

| 022 |

공통

共通

한가지 공 통할 통

문해력 쑥쑥 여러분과 저의 공통점은 무엇일까요? 바로 어휘 공부를 열심히 하고 있다는 것이지요. 숟가락과 젓가락의 공통점은 무엇일까요? 밥을 먹을 때 필요한 도구라는 것이지요. 공(共)은 '함께, 같게 하다'를, 통(通)은 '통하다, 두루 미치다'를 의미해요. 공통이란 **여럿 사이에 두루 통하거나 관계가 있다는 뜻**입니다.

“ 이 사건과 그 사건이 共通으로 가지고 있는 문제가 무엇일까? ”

“ 우리는 共通의 관심사 덕분에 빠르게 친해졌어. ”

실력 쑥쑥 QUIZ

Q. '공통'과 비슷한말에 모두 O표 하세요.

[보편 차별 공유 특별]

관련어 톡톡

중얼거리며 써 보기

共通	共通	共通		

답: 보편, 공유

| 023 |

이별

離 別

떠날 리 나눌 별

문해력 쑥쑥 '이별, 마지막'과 같은 단어를 들으면 마음이 무거워지지요? 이(離)는 '떠나다, 떨어지다, 흩어지다'를 별(別)은 '나누다, 헤어지다'를 의미해요. 이별은 **서로 오랫동안 만나지 못하고 떨어져 있음, 헤어짐**을 뜻하지요. '결별, 석별, 작별'도 모두 비슷한말입니다. 이별이 있으면 언젠가 만남도 있겠지요?

" 졸업식 날 친구들과 離別할 생각을 하니 벌써부터 슬퍼. "

" 어제의 나와 離別하고 새로운 내일을 꿈꾼다. "

실력 쑥쑥 QUIZ

Q. '이별'을 넣은 표현으로 어색한 것은?

① 오랫동안 사용한 물건과 이별을 했어.

② 새로운 이별을 생각하니 마음이 설레.

③ 이제 우리 이별하고 각자의 길을 가자.

관련어 톡톡

중얼거리며 써 보기

離 別	離 別	離 別		

답: ②

| 024 |

위치

位 置

자리 위 둘 치

문해력 쑥쑥 기존에 앉던 자리를 바꾸면 여러분의 ㅇㅊ도 달라집니다. 초성에 해당하는 것은 무엇일까요? 바로 '위치'입니다. 위(位)는 '자리, 자리하다'를, 치(置)는 '두다, 남기다'를 의미해요. 위치는 **사물이 일정한 곳에 자리를 차지한다는 의미**도 있지만, **사회적으로 담당하고 있는 자리나 역할**을 뜻하기도 해요.

" 우리 같이 가구의 位置를 바꿀까? "

" 학급에서 나의 位置를 고려하면 이 일은 내가 해야겠지? "

실력 쑥쑥 QUIZ

Q. '위치'와 비슷한말에 모두 O표 하세요.

[자리 곳 지점 장소]

관련어 톡톡

중얼거리며 써 보기

位置	位置	位置		

답: 모두

| 025 |

전체

全 體

온전할 전 몸 체

문해력 쑥쑥 '마을 전체, 섬 전체' 라는 말을 들어 본 적이 있지요? 전(全)은 '온전하다, 완전히', 체(體)는 '몸, 모양, 형상'을 의미해요. 전체는 **개개 또는 부분의 집합으로 구성된 것을 몰아서 하나의 대상으로 삼는 경우에 바로 그 대상**을 말해요. 즉, 여러 요소들로 이루어진 하나의 큰 덩어리입니다. 그러니 한자 어휘 365도 전체를 공부해야겠지요?

" 드론을 이용하여 마을 全體를 촬영했어요.
全體의 모습을 모니터로 한눈에 보니 신기했어요. "

실력 쑥쑥 QUIZ

Q. 다음 중 '전체'의 반대말이 <u>아닌</u> 것은?

① 개별

② 부분

③ 총체

관련어 톡톡

중얼거리며 써 보기

全體	全體	全體		

답: ③

| 026 |

운동

運 動

옮길 운 움직일 동

문해력 쑥쑥 여러분은 어떤 운동을 좋아하나요? 축구, 농구? 설마 숨쉬기운동? 운(運)은 '옮기다, 움직이다', 동(動)은 '움직이다, 옮기다'를 의미해요. 운동은 **사람이 몸을 단련하거나 건강을 위하여 몸을 움직이는 일**을 뜻해요. 때로 스포츠와 같이 **규칙과 방법에 따라 신체의 기량을 겨루는 일**을 의미하기도 합니다.

"아침에 조금 일찍 일어나서 걷기 運動을 했더니, 몸이 튼튼해졌어. 저녁에도 걸으면 運動 선수가 될 것 같아. 후훗!"

실력 쑥쑥 QUIZ

Q. 여러분이 가장 좋아하는 '운동'은 무엇인가요? 종목과 이유를 적어 봅시다.

종목: ....

이유: ....

관련어 톡톡

중얼거리며 써 보기

運動	運動	運動		

| 027 |

최고
最 高
가장 최 높을 고

문해력 쑥쑥 엄지 척이라는 동작과 가장 잘 어울리는 한자 어휘는 무엇일까요? 바로 '최고'이지요. 최(最)는 '가장, 제일, 으뜸', 고(高)는 '높다, 뛰어나다'를 의미해요. 최고는 **가장 높음, 제일임, 으뜸인 것**을 말합니다. 누군가에게 "네가 최고야!"라는 말을 듣는다면 정말 기분이 최고겠지요?

> " 달리기 시합을 했다. 나는 最高 속도로 달렸다.
> 두 발이 보이지 않을 정도였지만, 네 명 중 4등을 기록했다. "

실력 쑥쑥 QUIZ

Q. '최고'와 비슷한말에 모두 O표 하세요.

[최상 첫손가락 아래]

관련어 톡톡

중얼거리며 써 보기

最高	最高	最高		

답 : 최상, 첫손가락

| 028 |

변화

變 化

변할 변 될 화

문해력 쑥쑥 과학 책을 보면 나오는 물질의 변화, 음식을 많이 먹으면 나타나는 체중의 변화! 변화는 무슨 뜻일까요? 변(變)은 '변하다, 달라지다', 화(化)는 '되다, 모양이 바뀌다'를 의미해요. 변화는 **사물의 성질이나 모양, 상태가 바뀌어 달라짐**을 뜻하지요. 새로운 어휘를 배울 때마다 여러분의 표정이 밝게 변화하기를 기대해요.

"계절이 달라지니 아침과 저녁 사이에 기온의 變化가 매우 심해졌어. 감기에 걸리지 않게 조심해야겠다."

실력 쑥쑥 QUIZ

Q. '변하는 정도가 비할 데 없이 심하다는 뜻'의 사자성어는 무엇일까요?

① 변화무미

② 변화상생

③ 변화무쌍

관련어 톡톡

중얼거리며 써 보기

變 化	變 化	變 化		

답: ③

| 029 |

복잡

複 雜

겹칠 복 섞일 잡

문해력 쑥쑥 여기 간단한 문제와 복잡한 문제가 있습니다. 여러분은 어떤 문제가 더 좋나요? 당연히 간단한 문제겠지요? 복(複)은 '겹치다, 거듭되다', 잡(雜)은 '섞이다, 뒤섞이다'를 뜻해요. 복잡은 **겹치고 섞여서 혼란스럽게 얽혀 있음, 까다롭고 어려움**을 의미합니다. 복잡한 문제는 차근차근 침착하게 풀면 해답이 보이겠지요?

" 친구랑 싸웠더니 마음이 複雜해.
사과하려고 대화를 하다가 일이 더 複雜하게 꼬였어. "

실력 쑥쑥 QUIZ

Q. '복잡'과 비슷한말에 모두 O표 하세요.

[어수선 혼잡 단순]

관련어 톡톡

중얼거리며 써 보기

複雜	複雜	複雜		

답: 어수선, 혼잡

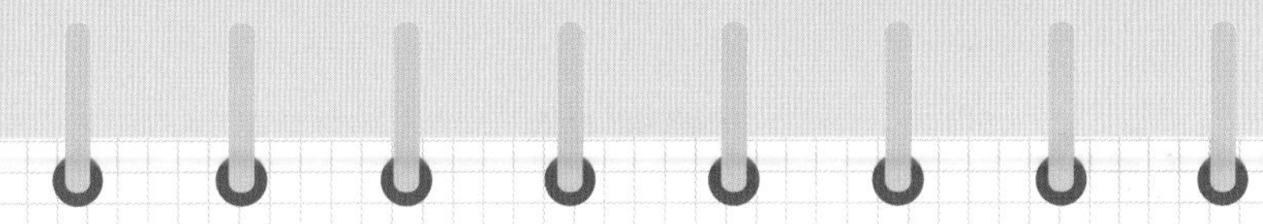

문해력으로 성장하는 우리 ①

금일? 금요일?

문성우

찬우야, 급식 공지를 보니까
금일 점심에 스파게티가 나온다고 쓰여 있어.

공찬우

와, 오늘 점심 기대되는걸.

문성우

으잉? 오늘은 목요일이니까 내일 나오는 거지.
금일이면 금요일이잖아?

공찬우

금일은 '오늘'과 같은 말이야.

문성우

와, 역시 너는 고지식해!

공찬우

뭐야? 내가 고지식하다고?

문성우

높을 고 더하기 지식! 지식이 높다는 뜻 아닌가?

함께 생각하기

어휘의 뜻을 제대로 모르면 다른 사람과 원활하게 대화하기 어려워요. 지식과 교양이 부족하다는 평가를 받을 수도 있어요. 그래서 꼭 필요해요. 어휘 공부가!

| 030 |

편리

便 利

편할 편 이로울 리

문해력 쑥쑥 스마트폰이 없는 세상을 상상해 본 적이 있나요? 이처럼 새로운 기기나 기술의 등장은 생활을 편리하게 해 주지요? 편(便)은 '편하다, 편안하다', 리(利)는 '이롭다, 이롭게 하다'를 뜻해요. 편리는 **편하고 이로우며 이용하기 쉬움**을 의미해요. 여러분이 새로운 발명을 하고 기술을 개발하면 앞으로 세상은 더욱 편리해지겠지요?

" 이 발명품은 정말 便利하네. 불편한 점을 잘 찾아서 이렇게 便利하게 개선했구나. "

실력 쑥쑥 QUIZ

Q. 다음 중 '편리'의 반대말은?

① 불편

② 편의

③ 편익

관련어 톡톡

중얼거리며 써 보기

便利	便利	便利		

답: ①

| 031 |

확대
廓 大
넓힐 확 클 대

문해력 쑥쑥 학교에서 자유시간이나 점심시간을 확대하는 것에 대해 찬성하시나요? 상상만 해도 기분이 좋군요. 확(廓)은 '넓히다, 확대하다', 대(大)는 '크다, 높다'를 뜻해요. 확대는 **모양이나 규모, 크기 등을 늘여서 크게 함**을 의미해요. 좋은 것은 더더욱 확대해야겠지요?

" 뉴스를 말씀드리겠습니다.
주택 부족을 해소하기 위해 주택 공급을 廓大한다고 합니다. "

실력 쑥쑥 QUIZ

Q. '확대'라는 어휘를 넣어 문장을 만들어 봅시다.

[예시] 사건이 점점 확대되었다.

관련어 톡톡

중얼거리며 써 보기

廓大	廓大	廓大		

| 032 |

간섭

干 涉

방패 간 건널 섭

문해력 쑥쑥 간섭, 참견 등 어떤 말은 들으면 기분이 좋지 않거나 인상을 쓰게 되지요? 간(干)은 '방패, 막다', 섭(涉)은 '건너다, 거치다'를 뜻해요. 간섭은 **관계없는 남의 일에 부당하게 참견함**을 의미해요. 간섭하거나 간섭받는 것은 마음을 불편하게 하지요. 이와 반대말로는 '방임(放任)'이라는 단어가 있습니다.

" 사춘기가 되니 다른 사람이 이래라저래라 하는 干涉이 정말 싫어진다. "

" 남의 일에 干涉하기보다 나 먼저 잘하자! "

실력 쑥쑥 QUIZ

Q. '간섭'하는 사람에게 정중하게 이야기하는 방법을 생각해 봅시다.

관련어 톡톡

중얼거리며 써 보기

干涉	干涉	干涉		

| 033 |

금지

禁 止

금할 금 그칠 지

문해력 쑥쑥 '공사 중 접근 금지'라는 표시를 본 적이 있지요? 선생님이 어렸을 때는 밤에 돌아다니지 못하게 막는 통행금지라는 것도 있었어요. 금(禁)은 '금하다, 억제하다', 지(止)는 '그치다, 끝나다, 금하다'를 뜻해요. 금지는 **어떤 일이나 행동 등을 하지 못하게 막음**을 뜻해요. 법, 규칙, 명령 등으로 어떤 행위를 하지 못하도록 하는 것이지요.

“ 약속을 지키지 않았으니 컴퓨터 사용 禁止야! ”

“ 부모님, 그것만은 아니 되옵니다. 반성하고 있사오니 禁止를 풀어 주소서. ”

실력 쑥쑥 QUIZ

Q. 일상생활에서 '금지'란 말을 본 경험을 떠올려 봅시다.

[예시] 외부인 출입 금지, 불법 촬영 금지

관련어 톡톡

중얼거리며 써 보기

禁止	禁止	禁止		

| 034 |

문제

問 題

물을 물 표제 제

문해력 쑥쑥 문제집을 보니 어려운 문제가 있네요. 문제가 생겼습니다. 문(問)은 '묻다, 물음, 질문', 제(題)는 '제목, 물음'을 뜻해요. 문제는 '연습 문제'와 같이 **해답을 요구하는 물음**이나 '힘든 문제'처럼 **해결하기 어렵거나 난처한 대상**을 뜻해요. 어떤 문제든 당황하지 말고 현명하게 해결해 봅시다.

" 이번 시험 問題 까다로웠지? 1번 답이 많았어. "

" 뭐야? 나는 4번이 제일 많았는데. 부모님께 시험 잘 보겠다고 했는데, 問題네. "

실력 쑥쑥 QUIZ

Q. '문제'는 뜻이 다양해요. 사전을 찾아보면서 예문을 만들어 봅시다.

1. 해답을 요구하는 물음
2. 어떤 사물이나 사실과 관련된 일
3. 해결하기에 어렵거나 대응하기 곤란한 일
4. 트집이나 시비가 생길 만한 일. 또는 잘못된 일

예문: ______________________________

중얼거리며 써 보기

問題	問題	問題		

| 035 |

방학
放 學
놓을 방　배울 학

문해력 쑥쑥 듣기만 해도 설레는 말이지요. 방학! 방(放)은 '놓다, 놓이다', 학(學)은 '배우다, 공부하다'를 뜻해요. '배움을 놓다'라고 풀어 쓰는 방학은 **일정 기간 수업을 쉬는 일 또는 그 기간**을 뜻해요. 주로 학교에서 학기나 학년이 끝난 다음 또는 더위, 추위가 심할 때 실시합니다. 빨리 방학이 오면 좋겠지요?

“ D-5, 放學까지 5일 남았다. 만세! ”

“ 개학하면 放學이 기다려지는데, 放學을 하니 개학이 기다려지네. 신기해. ”

실력 쑥쑥 QUIZ

Q. '방학'의 반대말은?

① 개학
② 중단
③ 종업
④ 졸업

관련어 톡톡

중얼거리며 써 보기

放學	放學	放學		

답: ①

| 036 |

탐구

探 究

찾을 탐 연구할 구

문해력 쑥쑥 과학 시간에 탐구 보고서라는 말을 들어 보았나요? 탐(探)은 '찾아, 연구하다', 구(究)는 '연구하다, 깊게 파고들다'를 뜻해요. 탐구는 **어떤 진리나 학문을 파고들어 깊이 연구하는 것**을 뜻해요. 탐구는 무엇인가를 알기 위해 깊이 있게 공부하고 연구하는 것으로, 탐구를 잘해야 우등생이 될 수 있지요.

" 探究 주제를 잘 파악해야 해. "

" 과학자들은 探究 자세가 훌륭한 사람들이야. "

실력 쑥쑥 QUIZ

Q. '찾을 탐(探)'이 사용되지 않은 단어는?

① 탐색

② 탐사

③ 탐험

④ 탐욕

관련어 톡톡

중얼거리며 써 보기

探究	探究	探究		

답: ④(탐욕 탐)

037

구분

區 分

구분할 구　나눌 분

문해력 쑥쑥 과일을 색상별로 구분해 볼까요? 스마트폰 앱도 각각 폴더로 구분해 봅시다. 구(區)는 '나누다, 구분하다', 분(分)은 '나누다, 구별하다'를 의미해요. 구분은 **일정한 기준에 따라 전체를 몇 개로 갈라 나눔**을 뜻하지요. 구분할 때는 **'기준'**에 따라 결과가 달라진다는 점을 기억해야 해요.

" 이번 활동은 남학생과 여학생으로 區分해서 진행합니다. "

" 역사를 공부할 때 시대를 區分해서 외워 보았어요. "

실력 쑥쑥 QUIZ

Q. 초성 단서를 보고 빈칸에 들어갈 단어를 맞혀 봅시다.

구분할 때는 [ㄱㅈ]이 매우 중요합니다. [ㄱㅈ]에 따라 구분할 결과가 달라지기 때문입니다.

관련어 톡톡

중얼거리며 써 보기

區分	區分	區分		

답: 기준

| 038 |

지도

地 圖

땅 지 그림 도

문해력 쑥쑥 우리 마을은 어떻게 생겼나요? 우리 나라는요? 이처럼 지형의 형태를 보여 주는 것이 바로 지도입니다. 지(地)는 '땅, 육지, 영토', 도(圖)는 '그림'을 의미해요. 지도는 **땅의 그림**, 즉 **지구 표면의 상태를 일정한 비율로 줄여 이를 기호로 나타낸 그림**을 의미합니다. 지도를 볼 때는 지도에 사용된 기호도 유심히 살펴보세요.

" 이번에 우리 마을의 地圖를 제작해 봅시다. "

" 조선시대 김정호가 만든 것은 대동여地圖입니다. "

실력 쑥쑥 QUIZ

Q. 우리나라, 우리 동네, 학교까지 가는 길 등 그릴 수 있는 지도가 있나요? 아래에 그려 봅시다.

관련어 톡톡

중얼거리며 써 보기

地 圖	地 圖	地 圖		

039

조사

調 査

고를 조 조사할 사

문해력 쑥쑥 뉴스를 보다 보면 '사건을 조사하다, 조사 결과를 발표하다'라는 말이 나올 때가 있지요? 조(調)는 '고르다, 조사하다', 사(査)는 '조사하다, 있는 그대로 그리다'를 뜻해요. 즉, **내용을 명확히 알기 위하여 자세히 살펴보거나 찾아봄**을 의미하지요. 조사관, 사건 조사서 같은 말에서 사용하기도 해요.

"청소년들이 비속어를 얼마나 사용하는지 調査해 봅시다."

"인구 調査 결과를 발표한다고 해요."

실력 쑥쑥 QUIZ

Q. '조사'와 비슷한말에 모두 O표 하세요.

[전달 수사 검사 원인]

관련어 톡톡

중얼거리며 써 보기

調査	調査	調査		

답: 수사, 검사

| 040 |

심판
審 判
살필 심 판단할 판

문해력 쑥쑥 운동 경기의 내용을 판단하는 사람을 뭐라고 부르지요? 바로 심판이라고 하지요. 심(審)은 '살피다, 주의하여 보다, 밝히다', 판(判)은 '판단하다, 판결하다'를 뜻해요. 심판은 **어떤 문제, 일, 사람에 대하여 잘잘못을 가려 결정을 내리는 일**을 의미해요. 법률이나 운동에서 사용하기도 합니다.

" 그 사람은 역사의 審判을 받을 것입니다. **"**

" 선수들이 審判의 판결에 항의하였다. **"**

실력 쑥쑥 QUIZ

Q. '심판'이라는 단어를 사용했을 때 어색한 것은?

① 어른들의 말씀을 그대로 심판해야 한다.

② 경기 중에는 심판의 판정을 따라야 한다.

③ 영화가 완성되어 관객의 심판을 기다리고 있다.

관련어 톡톡

중얼거리며 써 보기

審判	審判	審判		

답: ①

041
적응
適 應
맞을 적 응할 응

문해력 쑥쑥 새로운 학교로 전학을 간다면 적응하는 데 시간이 걸리겠지요? 적(適)은 '알맞다, 찾아가다', 응(應)은 '응하다, 대답하다'를 뜻해요. 적응은 **일정한 조건이나 환경에 맞추어 나가거나 알맞게 되는 것**을 말하지요. 지금쯤이면 여러분도 한자 어휘 공부에 잘 적응하고 있겠지요?

" 외국에 다녀왔더니 시차 適應이 힘들어. "

" 평소에 마스크를 쓰는 것이 이제 適應이 되었어. "

실력 쑥쑥 QUIZ

Q. 초성 단서를 보고 '적응'의 반대말을 적어 봅시다.

적응 ⇔ ㅂㅈㅇ

관련어 톡톡

중얼거리며 써 보기

適應	適應	適應		

답: 부적응

| 042 |

정보

情 報

뜻 정 알릴 보

문해력 쑥쑥 인터넷을 통해 얻을 수 있는 것은? 설명하는 글을 읽으면 새롭게 얻는 것은? 바로 정보입니다. 정(情)은 '뜻, 사실, 진리'를, 보(報)는 '알리다, 알림'을 의미해요. 우리가 **관찰하거나 측정해서 얻은 자료를 정리한 지식**이 정보지요. 교통 정보, 생활 정보처럼 **새로운 소식이나 자료**를 뜻하기도 합니다.

"이번에 여행 가기 전에 관광 情報를 잘 알아봐야겠어. 情報 조사를 미리 하지 않으면 헤멜 수도 있으니까."

실력 쑥쑥 QUIZ

Q. 최근에 알게 된 '정보' 중에서 가장 기억에 남는 것을 적어 봅시다.

[예시] 유튜브에서 달걀볶음밥 만드는 법을 배웠다.

관련어 톡톡

중얼거리며 써 보기

情報	情報	情報		

| 043 |

정확
正 確
바를 정 굳을 확

문해력 쑥쑥 친구와 약속하면 시간을 ○○하게 지켜야겠지요? 설마 '적당, 느긋, 편안'이라고 답한 학생은 없겠지요? 정(正)은 '바르다, 올바르다'를, 확(確)은 '굳다, 확실하다'를 의미해요. 즉, 정확은 **바르고 확실함**을 뜻하지요. 어떤 일을 맡으면 정확하게 하는 것이 중요하다는 사실을 명심하세요.

"빵을 만들기 위해 재료의 양을 正確히 측정했어."

"AI 의사가 正確한 진단을 내렸다는 뉴스를 보았다."

실력 쑥쑥 QUIZ

Q. 초성 단서를 보고 '정확'의 반대말을 적어 봅시다.

정확 ⇔ ㅂㅈㅎ

관련어 톡톡

중얼거리며 써 보기

正確	正確	正確		

답: 부정확

| 044 |

주변
周 邊
두루 주 가 변

문해력 쑥쑥 여러분이 사는 집 주변에는 무엇이 있나요? 여러분 주변에는 좋은 친구가 많이 있나요? 주(周)는 '두루, 둘레'를, 변(邊)은 '가, 가장자리, 변방'을 의미해요. 즉, 주변은 **어떤 대상의 둘레**를 뜻합니다. '학교 주변, 주변 환경'에서 사용되는 것을 보았지요?

" 周邊의 소음 때문에 공부에 집중할 수가 없네. "

" 미술 시간입니다. 周邊의 풍경을 그려 봅시다. "

실력 쑥쑥 QUIZ

Q. 초성 단서를 보고 빈칸에 들어갈 단어를 맞혀 봅시다.

주변과 비슷한말에는

[ㅈㅇ], [ㅅㅂ], [ㄱㅊ], [ㄷㄹ] 등이 있다.

관련어 톡톡

중얼거리며 써 보기

周邊	周邊	周邊		

답: 주위, 사방, 근처, 둘레

| 045 |

비교
比 較
견줄 비 견줄 교

문해력 쑥쑥 물건을 살 때 그냥 사는 편인가요? 비교해 보는 편인가요? 비(比)는 '견주다, 서로 대어 보다, 겨루다'를, 교(較)는 '견주다, 대어 보다'를 의미해요. 그러니까 비교는 **둘 이상의 것을 견주어 서로 같거나 비슷한 점, 차이점 등을 살피는 것**을 말합니다. 하지만 사람을 비교해서는 안 되겠지요?

" 휴대전화를 바꿀 생각이야. 모델을 比較해서 하나만 골라야지.
그런데 比較해 봐도 다 사고 싶으면 어쩌지? "

실력 쑥쑥 QUIZ

Q. 빈칸에 '비교'라는 말이 들어가기 어색한 것은?

① 착한 일을 ○○해 보자.
② 품질이나 성능을 ○○해 보자.
③ 두 영화를 ○○해 보고 하나를 선택했어.

관련어 톡톡

중얼거리며 써 보기

比較	比較	比較		

답 : ①

| 046 |

구역

區 域

구분할 구 지경 역

문해력 쏙쏙 출입 금지 구역에 가면 안 되겠지요? 장애인 주차 구역에 차를 대는 것도 안 돼요. 구(區)는 '구분하다, 나누다, 경계'를, 역(域)은 '경계, 구역'을 의미해요. 이처럼 구역은 **나누어 갈라놓은 지역**을 뜻하지요. **어떤 지역을 경계에 따라서 구분했을 때 그 안에 포함되는 지역**을 말합니다.

" 경찰관이 맡은 區域을 순찰하였다. "

" 그곳은 비행기가 착륙하는 區域입니다. "

실력 쑥쑥 QUIZ

Q. '구역'과 비슷한말에 모두 O표 하세요.

[하늘 구획 범위 전체 지역]

관련어 톡톡

중얼거리며 써 보기

區域	區域	區域		

답: 구획, 범위, 지역

| 047 |

낭비

浪 費

물결 낭 쓸 비

문해력 쑥쑥 사고 싶은 것을 모두 사다 보면 용돈을 낭비하게 되지요? 낭(浪)은 '물결, 파도, 함부로'를, 비(費)는 '쓰다, 소비하다, 소모하다'를 의미해요. 낭비는 물결처럼, 파도처럼 함부로 쓰는 것, 즉 **시간, 돈, 물건 등을 헛되이 헤프게 쓰는 것**을 뜻해요. 시간이든 돈이든 절약하는 습관이 중요합니다.

" 음식을 浪費하지 않기 위해 급식을 열심히 먹었다. "

" 에너지를 浪費하지 않기 위해 불필요한 전등을 껐어. "

실력 쑥쑥 QUIZ

Q. '낭비'라는 어휘를 넣어 문장을 만들어 봅시다.

[예시] 우리의 소중한 인생을 낭비하지 말자.

관련어 톡톡

중얼거리며 써 보기

浪費	浪費	浪費		

| 048 |

악보

樂譜

노래 악 족보 보

문해력 쑥쑥 악기를 배울 때 '이것'을 보는 법을 제일 먼저 배우지요. 이것은 무엇일까요? 바로 악보입니다. 악(樂)은 '노래, 음악, 악기, 연주'를, 보(譜)는 '족보, 악보, 작곡'을 의미해요. 악보는 **음악의 곡조를 기호로 기록한 것**을 말하지요. 오선지에 기호, 문자, 숫자로 그려진 음표를 떠올려 봅시다.

" 樂譜를 보면서 기타를 연주했어. "

" 아직 樂譜를 보는 법이 서툴러서 먼저 익혀야 해. "

실력 쑥쑥 QUIZ

Q. 좋아하는 노래의 '악보'를 인터넷에서 검색해 보고, 노래를 직접 불러 봅시다.

노래 제목: ....

가수: ....

관련어 톡톡

중얼거리며 써 보기

樂譜	樂譜	樂譜		

| 049 |

평가

評 價

평할 평 값 가

문해력 쑥쑥 맛있는 음식점을 찾기 위해서 점수를 찾아보는 경우가 있지요? 이렇게 어떤 대상을 평가한 점수가 평점이에요. 평(評)은 '평하다, 품평하다'를, 가(價)는 '값, 가격, 값어치'를 의미해요. 즉, 평가는 **어떤 기준으로 가치, 수준을 따져서 매기는 것**을 뜻하지요. 물건 값을 헤아려 매긴다는 뜻도 있습니다.

" 선생님께서 내 과제를 어떻게 評價하실지 궁금해. "

" 예술 작품을 객관적으로 評價하기는 어려울 것 같아. "

실력 쑥쑥 QUIZ

Q. 그동안 학교에서 경험한 '평가'의 예를 구체적으로 써 봅시다.

제일 기억에 남는 평가: ....

제일 어려웠던 평가: ....

관련어 톡톡

중얼거리며 써 보기

評價	評價	評價		

| 050 |

폭우

暴 雨

사나울 폭 비 우

문해력 쑥쑥 비나 눈이 갑작스럽게 마구 내리면 정말 당황스럽겠지요? 이런 비를 폭우라고 해요. 폭(暴)은 '사납다, 난폭하다, 세차다'를, 우(雨)는 '비, 비가 오다'를 의미해요. 폭우는 **갑자기 세차게 쏟아지는 비**를 뜻합니다. 눈이 많이 올 때는 폭설이라고 하지요. 폭우와 비슷한 말로 '호우, 억수'도 있어요.

" 내일 소풍은 暴雨로 취소되었다. "

" 暴雨로 인해 국가대표 축구 경기가 연기되었다. "

실력 쑥쑥 QUIZ

Q. 초성 단서를 보고 빈칸에 들어갈 단어를 적어 봅시다.

갑자기 [ㅅㅊㄱ] 쏟아지는 비

중얼거리며 써 보기

暴雨	暴雨	暴雨		

답: 세차게

| 051 |

현명

賢 明

어질 현 밝을 명

문해력 쑥쑥 갈등을 슬기롭게 해결하는 사람들 또는 지혜롭게 행동하는 사람들에게 이런 표현을 사용하지요. 현(賢)은 '어질다, 현명하다, 좋다'를, 명(明)은 '밝다, 똑똑하다'를 의미해요. 두 개의 한자 모두 참 좋은 뜻이네요. 현명은 **지혜롭고 사리에 밝음**을 말해요. 우리 모두 현명한 사람이 되도록 노력합시다.

“ 그는 여러 정보를 종합하여 賢明한 결정을 내렸어.

평화롭게 문제를 해결하는 그 사람의 賢明함에 놀랐어. ”

실력 쑥쑥 QUIZ

Q. '현명'과 비슷한말로 알맞게 짝지어진 것은?

① 황당, 재치

② 무모, 지혜

③ 지혜, 슬기

관련어 톡톡

중얼거리며 써 보기

賢明	賢明	賢明		

답: ③

| 052 |

단순
單 純
홀 단 순수할 순

문해력 쑥쑥 복잡한 일은 오히려 단순하게 생각하면 잘 해결될 때가 있어요. 단(單)은 '홀, 하나, 복잡하지 않다'를, 순(純)은 '순수하다, 순박하다'를 의미해요. 즉, 단순이란 **복잡하지 않고 간단함**을 뜻하지요. '복합, 복잡'의 반대말이기도 해요. 말할 때는 단순명료한 것이 더 좋은 결과를 내기도 해요.

" 복잡하게 보인 이 수학 문제는 單純한 공식으로 해결할 수 있어. "

" 이 일은 같은 과정을 반복하는 單純 작업입니다. "

실력 쑥쑥 QUIZ

Q. 다음 중 '단순'의 반대말은?

① 복잡
② 단일
③ 순수
④ 순진

관련어 톡톡

중얼거리며 써 보기

單純	單純	單純		

답: ①

| 053 |

약화

弱 化

약할 약 될 화

문해력 쑥쑥 이유 없이 피곤하고 지칠 때 부모님께서 면역력이 약화되었다고 하실 때가 있지요? 약(弱)은 '약하다, 약해지다 쇠해지다'를, 화(化)는 '되다, 모양이 바뀌다, 달라지다'를 의미해요. 약화는 **힘이나 세력이 약해짐**을 뜻합니다. 그렇다면 반대로 강해지는 것은 무엇이라고 할까요? 바로 '강화'입니다.

" 장군, 상대의 전투력이 弱化되었을 때 공격해야 합니다. "

" 얼굴이 푸석해진 것을 보니 신장 기능의 弱化를 의심해야 해요. "

실력 쑥쑥 QUIZ

Q. '약화'를 표현하는 상황을 그림으로 그려 봅시다.

관련어 톡톡

중얼거리며 써 보기

弱化	弱化	弱化		

| 054 |

자부심

自 負 心

스스로 자 질 부 마음 심

문해력 쑥쑥 무언가에서 좋은 결과를 얻었을 때 어른들이 "잘했어. 자부심을 가져."라고 말씀하시지요? 자(自)는 '스스로, 자기'를, 부(負)는 '지다, 떠맡다, 힘입다'를, 심(心)은 '마음, 의지, 생각'을 의미해요. 자부심은 **자신의 가치나 능력을 믿고 당당히 여기는 마음**입니다. 비슷한말로 '자긍심, 자존심, 보람, 긍지'가 있지요.

" 그분은 직업에 대한 自負心이 매우 강합니다.
작품에서도 이러한 自負心이 잘 드러나죠. "

실력 쑥쑥 QUIZ

Q. '자부심'이라는 말을 넣어 짧은 글을 지어 봅시다.

[예시] 나는 부모님의 자부심이다.

중얼거리며 써 보기

自負心	自負心	自負心	

| 055 |

외면

外 面

바깥 외 낯 면

문해력 쑥쑥 외(外)는 '바깥, 겉'을, 면(面)은 '낯, 얼굴, 모습'을 뜻해요. 외면에는 두 가지 뜻이 있어요. 먼저 **겉에 있거나 보이는 면**을 의미해요. 또 다른 뜻은 **상대한 사람과 마주 대하기를 꺼리어 얼굴을 다른 쪽으로 돌린다**는 의미입니다. 두 개의 단어는 같은 한자를 사용하는데, 특이하게 뜻이 다르답니다. 어려운 어휘라고 외면하지 맙시다.

" 친구가 곤란해진 나를 못 본 척 外面하고 갔다. "

" 나는 어려운 상황에 있는 친구를 外面하지 말아야겠다. "

실력 쑥쑥 QUIZ

Q. 다음 중 '외면'의 반대말은?

① 직시 - 바라 봄

② 무시 - 깔봄

③ 회피 - 만나지 아니함

관련어 톡톡

중얼거리며 써 보기

外面	外面	外面		

답: ①

| 056 |

환경
環 境
고리 환 지경 경

문해력 쑥쑥 환경 보호의 중요성은 누구나 알고 있어요. 우리와 후손의 미래를 위해서는 환경을 잘 보호해야 하지요. 환(環)은 '고리, 둘레, 둘러싸이다', 경(境)은 '지경, 경계, 곳'을 의미해요. 환경은 **인간, 동물, 식물이 살아가거나 생활하는 데 영향을 미치는 자연조건이나 상태**를 뜻합니다. '생활하는 주위, 여건, 배경'의 의미로도 사용돼요.

" 環境 보호를 위해 쓰레기 줍기 운동을 했다. "

" 위인은 불우한 環境에서도 좌절하지 않고 꿈을 이룬 사람이다. "

실력 쑥쑥 QUIZ

Q. '환경'을 상황에 맞게 넣어 문장을 만들어 보세요.

· 환경 보호의 '환경'(자연 조건, 상태)

· 주위 환경의 '환경'(주위, 여건)

관련어 톡톡

중얼거리며 써 보기

環境	環境	環境		

| 057 |

활기

活 氣

살 활 기운 기

문해력 쑥쑥 활기가 넘치는 친구와 함께하면 덩달아 에너지가 넘치지요. 활(活)은 '살다, 생기가 있다', 기(氣)는 '기운, 기세, 힘'을 의미해요. 활기는 **활동력이 있거나 활발한 기운**을 뜻하지요. 활기차게 시작하는 방법! 많이 웃기, 밝은 표정 짓기, 좋은 일이 있을 것이라고 기대하기! 오늘도 활기차게 한자 어휘를 공부해 봅시다.

" 평소 조용한 친구가 오늘따라 活氣가 넘치네. "

" 시장에 가면 많은 사람의 活氣를 느낄 수 있어. "

실력 쑥쑥 QUIZ

Q. '활기'와 비슷한말에 모두 O표 하세요.

[활동력 활력 생기 풀]

관련어 톡톡

중얼거리며 써 보기

活氣	活氣	活氣		

답: 모두

| 058 |

개발

開 發

열 개　필 발

문해력 쑥쑥 새로운 기술의 개발 덕분에 생활이 점점 편리해지고 있지요? 개(開)는 '열다, 펴다, 개척하다'를, 발(發)은 '피다, 일어나다, 들추다'를 의미해요. 개발은 **새롭게 만들어 내거나 발달하게 하는 것**을 뜻하지요. 천연자원을 유용하게 쓰는 것, 지식이나 재능을 발달시키는 것에도 개발을 쓸 수 있습니다. 새로운 것을 만들 때도 마찬가지지요.

" 드디어 신제품을 開發하게 되었다. 만세! "

" 우리는 무한한 가능성을 지닌 학생들이야. 능력 開發을 위해 노력해 보자. "

실력 쑥쑥 QUIZ

Q. '계발'을 사전에서 검색해 보고, '개발'과 어떤 차이가 있는지 알아봅시다.

계발: ....

개발: ....

관련어 톡톡

중얼거리며 써 보기

開發	開發	開發		

문해력으로 성장하는 우리 ②

심심하다

문성우

인터넷 뉴스를 보다가 이런 표현을 들었어. 심심한 사과!
무슨 사과를 심심하게 하냐? 진심으로 해야지.

공찬우

나도 그 뉴스를 보고 궁금해서
'심심하다'의 뜻을 사전에서 찾아보았어.

문성우

와, 뉴스를 보고 사전을 찾아봤다고?
너도 되게 심심한가 보다.

공찬우

'심심한 사과'에서 '심심하다'라는 말은
'마음의 표현 정도가 매우 깊고 간절하다.'라는 뜻이야.

문성우

올~~.

함께 생각하기

뉴스에 보도된 유명한 사건이지요? '심심하다'는 '따분하고 재미없다'라는 의미의 어휘도 있지만, '마음의 표현 정도가 매우 간절하다'라는 뜻의 어휘도 있어요. 두 번째 의미의 '심심(甚深)'은 심할 심, 깊을 심을 사용한 한자어이지요. 이렇게 어휘의 정확한 뜻을 잘 알아야 위와 같은 혼란을 겪지 않게 돼요.

| 059 |

관찰

觀 察

볼 관 살필 찰

문해력 쑥쑥 식물을 관찰한 적이 있나요? 날씨를 관찰한 적이 있나요? 관(觀)은 '보다, 보게 하다'를, 찰(察)은 '살피다, 알다, 조사하다'를 의미해요. 관찰은 **사물이나 현상을 주의하여 자세히 살펴봄**을 뜻합니다. 무엇이든 잘 관찰하면 정확하게 그리고 자세히 알 수 있지요.

" 요리사가 되기 위해 음식의 조리 과정을 觀察하곤 했습니다. "

" 대화할 때는 상대의 표정과 몸짓을 觀察하는 것도 중요해. "

실력 쑥쑥 QUIZ

Q. 주변에 있는 하나의 사물을 정해서 이리저리 '관찰'해 봅시다. 새롭게 발견한 점을 적어 보세요.

관련어 톡톡

중얼거리며 써 보기

觀察	觀察	觀察		

| 060 |

동의

同 意

한가지 동 뜻 의

문해력 쏙쏙 맛있는 거 먹으러 가자는 의견에 동의? 대부분의 친구가 동의했을 듯해요. 동(同)은 '한 가지, 함께, 같다'를, 의(意)는 '뜻, 의미, 생각'을 의미해요. 동의는 **뜻, 의견, 의사를 같이함**을 뜻하지요. 때로 **다른 사람의 행동을 받아들이고 인정한다**는 의미도 있어요. 다른 사람이 내 의견에 동의하게 하려면 설득을 잘해야겠지요?

"친구야, 나는 의견이 달라. 나의 同意를 바라지 마."

"너만 이 의견에 同意하면 만장일치야."

실력 쑥쑥 QUIZ

Q. '동의'와 비슷한말이 아닌 것은?

① 찬성
② 허락
③ 긍정
④ 불가

관련어 톡톡

중얼거리며 써 보기

답: ④

| 061 |

명언

名言

이름 명 말씀 언

문해력 쑥쑥 "끝날 때까지 끝난 것이 아니다!" 뉴욕 양키스 출신의 야구 선수, 요기 베라가 남긴 명언이지요? 자신이 알고 있는 명언을 이야기해 볼까요? 명(名)은 '이름, 평판, 소문', 언(言)은 '말씀, 말, 글'을 의미해요. 명언은 **널리 알려진 말, 훌륭한 말**을 뜻하지요. 우리도 한자 어휘를 열심히 공부해서 명언을 남기는 훌륭한 인물이 됩시다.

"'오늘날의 나를 만든 것은 우리 동네의 작은 도서관이다.'라는 말은 빌 게이츠가 말한 名言이야."

실력 쑥쑥 QUIZ

Q. 여러분의 좌우명은 무엇인가요? 알고 있는 '명언'을 활용해 좌우명을 만들어 봅시다.

관련어 톡톡

중얼거리며 써 보기

名言	名言	名言		

| 062 |

출연

出 演

날 출 펼 연

문해력 쑥쑥 음악 공연, 각종 무대에 출연해 본 적이 있나요? 그럴 때 마음이 떨리고 긴장되지요? 출(出)은 '나다, 나가다, 드러내다'를, 연(演)은 '펴다, 넓히다'를 의미해요. 출연은 **공연, 강연, 연극, 음악을 위해 무대에 서는 것**을 뜻해요. 즉, **무대나 연단에 나가는 것**을 출연이라고 하지요. 갑자기 나타난다는 의미의 '출현'과 헷갈리지 않게 유의하세요.

" 이번에 학교 연극 무대에 出演하게 되었어. "

" 텔레비전 프로그램에 出演했던 강용철입니다. "

실력 쑥쑥 QUIZ

Q. '출연'과 '출현'이 어떻게 다른지 예를 들어 설명해 봅시다.

출연: ....

출현: ....

관련어 톡톡

중얼거리며 써 보기

出 演	出 演	出 演		

| 063 |

거래

去來

갈거 올래

문해력 쑥쑥 중고 거래, 주식 거래 등 거래란 말을 들어 보았지요? 거(去)는 '가다, 버리다'를, 래(來)는 '오다, 돌아오다'를 의미해요. 거래는 **주고받음, 사고팖을 뜻해요. 상황에 따라 친분을 위해 서로 주고받는 것**을 말하기도 합니다. '거래를 트다, 거래가 이루어지다, 거래를 끊다'와 같은 말이 자주 사용되고요. 비슷한말로 '매매, 무역, 흥정'이 있어요.

“ 부동산에서 집을 사는 去來를 했습니다. ”

“ 당근 나라, 채소 나라에서 중고 去來를 했어요. ”

실력 쑥쑥 QUIZ

Q. '거래'와 비슷한말이 <u>아닌</u> 것에 모두 O표 하세요.

[매매 무역 기부 교환 흥정 기여]

관련어 톡톡

중얼거리며 써 보기

去來	去來	去來		

답: 기부, 기여

| 064 |

자원

資 源

재물 자 근원 원

문해력 쑥쑥 우리나라는 다른 나라에 비해 자원이 부족해서 여러분과 같은 인적 자원이 중요해요. 자(資)는 '재물, 자본, 재료, 비용'을, 원(源)은 '근원, 기원'을 의미해요. 자원은 **우리가 살아가거나 경제생활을 하는 데 필요한 원료**를 말하지요. 즉, **광물, 산림, 수산물 등과 같은 것**이에요. 사회 시간에도 나오는 용어이니 기억해 둡시다.

" 환경 문제가 심해지면서, 식량 資源은 더욱 중요해질 것이다.
세계 여러 나라가 資源 부족 문제를 해결하기 위해 노력 중이다. "

실력 쑥쑥 QUIZ

Q. '자원'이 들어갈 말을 두 개만 떠올려 보세요.

[예시] 관광 자원, 산림 자원

① ....

② ....

관련어 톡톡

중얼거리며 써 보기

資源	資源	資源		

| 065 |

배열

配列

나눌 배 벌일 열

문해력 쑥쑥 책상을 줄과 간격에 맞게 배열해 보았나요? 책을 주제별로 배열해 보았나요? 배(配)는 '나누다, 짝짓다, 짝지어 주다'를, 열(列)은 '벌이다, 늘어서다, 가지런하다'를 의미해요. 배열은 **일정한 차례나 간격에 따라 벌여 놓음**을 뜻하지요. 무엇이든 깔끔하게 체계적으로 배열하면 보기도 좋고, 찾기도 쉽겠어요.

" 자, 여러분! 순서에 맞게 책을 잘 配列해 봅시다. "

" 플레이리스트에 좋아하는 음악을 순서대로 配列했어. "

실력 쑥쑥 QUIZ

Q. 책을 정리한다면 어떤 기준으로 '배열'할 수 있을까요? 자신만의 방식을 생각해 봅시다.

[예시] 소설, 인문, 과학 등 분야별로.

관련어 톡톡

중얼거리며 써 보기

配列	配列	配列		

| 066 |

예방
豫 防
미리 예　막을 방

문해력 쑥쑥 산불 ○○, 전염병 ○○, 범죄 ○○! 빈칸에 공통적으로 들어갈 말을 찾았나요? 바로 예방입니다. 예(豫)는 '미리, 미리 하다'를, 방(防)은 '막다, 방어하다, 대비하다'를 뜻해요. 예방은 **질병, 재해 등이 일어나기 전에 미리 막는 일, 미리 대처하는 것**을 의미해요. 위험한 것들은 미리 대비하고 예방해야 해요. 안전제일!

" 전염병 豫防을 위해 온 국민이 힘을 기울여야 합니다. "

" 산불 豫防 캠페인 덕분에 산불이 크게 줄어들었어. "

실력 쑥쑥 QUIZ

Q. 초성 단서를 보고 빈칸에 들어갈 단어를 맞혀 봅시다.

예방은 질병이나 재해 등을 [ㅁ ㄹ] 막는 것, 대비하는 것을 뜻한다.

관련어 톡톡

중얼거리며 써 보기

豫防	豫防	豫防		

답: 미리

| 067 |

절전

節 電

마디 절 번개 전

문해력 쑥쑥 쓰지 않는 전등은 전기를 낭비하지 않도록 꺼야 해요. 전기를 아끼자! ○○! 빈칸에 들어갈 말이 떠오르지요? 절(節)은 '마디, 관절, 절약하다, 절제하다'를, 전(電)은 '번개, 전기'를 뜻해요. 절전은 **전기를 아껴 씀, 전력을 절약함**을 의미해요. 절전은 늘 습관으로 삼아야겠지요?

" 석유 한 방울도 나지 않는 나라에서는 節電을 생활화해야 합니다. "

" 번거롭지만, 컴퓨터 節電 모드는 필요하다고 생각해. "

실력 쑥쑥 QUIZ

Q. '절전'이라는 어휘를 넣은 표현을 만들어 봅시다.

[예시] 교실의 전등을 껐더니, 선생님께서 절전했다고 칭찬해 주셨다.

관련어 톡톡

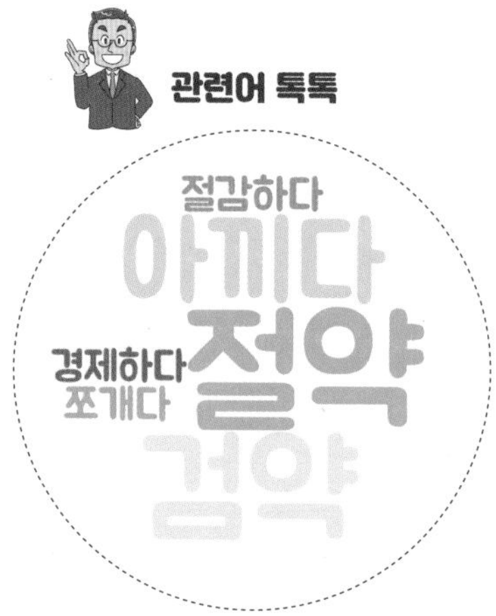

중얼거리며 써 보기

節電	節電	節電		

| 068 |

당선

當 選

마땅 당 가릴 선

문해력 쑥쑥 학급 임원 선거에 출마해서 당선된다면 정말 기쁘겠지요? 당(當)은 '마땅, 맡다'를, 선(選)은 '가리다, 가려 뽑다'를 뜻해요. 당선은 **선거에서 뽑힘, 심사에서 선발되거나 뽑힘**을 의미합니다. 당선 소식을 듣는다면 기쁘겠지만, 떨어져서 낙선한 사람에게도 격려하는 마음을 가져야겠지요.

" 회장 선거에서 當選된 것을 축하해. "

" 이번 소설 공모전에 當選되었다고 들었어. "

실력 쑥쑥 QUIZ

Q. '낙선'한 친구를 격려하고 응원할 수 있는 말을 생각해 봅시다.

[예시] 최선을 다했으니 너무 실망하지 마.

관련어 톡톡

줄얼거리며 써 보기

當選	當選	當選		

| 069 |

진로

進路

나아갈 진 길 로

문해력 쑥쑥 앞으로 어떤 학교에 갈지, 어떤 직업을 가질지 생각해 본 적이 있나요? 진(進)은 '나아가다, 전진하다, 힘쓰다'를, 로(路)는 '길, 거쳐 가는 길'을 뜻해요. 따라서 진로는 **앞으로 나아갈 길**을 말하는 것이지요. 즉, **앞으로 살아갈 인생의 방향**이라고 할 수 있어요. 진로를 잘 설계해야 멋진 인생이 되겠지요?

" 선생님과 進路 상담을 했어요. "

" 태풍이 進路를 바꾸었다는 뉴스가 나왔다. "

실력 쑥쑥 QUIZ

Q. 공부에 대한 '진로'와 직업에 대한 '진로'를 생각해 봅시다.

공부에 대한 진로: ....

직업에 대한 진로: ....

관련어 톡톡

중얼거리며 써 보기

進路	進路	進路		

| 070 |

기후

氣 候

기운 기 기후 후

문해력 쑥쑥 최근 뉴스에 '기후변화'라는 말이 자주 등장합니다. 환경문제가 심각하기 때문이겠지요. 기(氣)는 '기운, 공기, 대기'를, 후(候)는 '기후, 계절, 절기, 상황'을 뜻해요. 기후는 **기온, 비, 눈, 바람과 같은 대기 상태**를 말해요. 또한 열대기후, 온대기후처럼 **어떤 지역에서 오랜 시간 동안 나타나는 기온, 비, 눈 등의 평균 상태**를 뜻하기도 하지요.

" 요즘 氣候변화로 점점 더워지고 있는 듯해.
지구온난화로 한국이 점점 아열대氣候 바뀌고 있어서 그런가 봐. "

실력 쑥쑥 QUIZ

Q. '기후'변화를 막기 위해 실천할 수 있는 생활 속의 습관을 한 가지만 써 봅시다.

[예시] 분리배출 잘하기.

관련어 톡톡

중얼거리며 써 보기

氣候	氣候	氣候		

071

도표

圖 表

그림 도 겉 표

문해력 쑥쑥 교과서에 나온 도표를 잘 보면 관련된 내용을 이해하는 데 큰 도움이 되지요? 도(圖)는 '그림, 그리다'를, 표(表)는 '겉, 바깥, 표, 도표'를 뜻해요. 도표는 **여러 가지 자료나 데이터를 분석하여 그 관계를 그림으로 나타낸 표**입니다. 공부한 내용을 표나 그림으로 정리하면 공부에 큰 도움이 됩니다.

" 여러분! 이 내용을 圖表로 그려 볼까요?
방학 계획을 圖表로 그리니 눈에 보기 좋네요. "

실력 쑥쑥 QUIZ

Q. '도표'와 비슷한말에 모두 O표 하세요.

[그림표 도식 기호 그래프 범례]

관련어 톡톡

중얼거리며 써 보기

圖表	圖表	圖表		

답: 그림표, 도식, 그래프

072

낭송

朗 誦

밝을 낭(랑) 외울 송

문해력 쑥쑥 선생님은 시 낭송을 좋아해요. 마음 속에 시를 하나 품고 산다는 것은 멋진 일이기 때문이지요. 낭(朗)은 '밝다, 맑다, 깨끗하다'를, 송(誦)은 '외우다, 노래하다, 읽다'를 뜻해요. 낭송은 **글을 소리 내어 외거나 읽음**을 의미해요. 낭송은 대체로 '시'와 연결해 사용되지요. 여러분도 시를 낭송하며 시에 담긴 의미를 살피는 시간을 가져 보세요.

" 이번에 쓴 시로 시 朗誦 대회에 나가요. "

" 그를 기억하는 추모시 朗誦이 있겠습니다. "

실력 쑥쑥 QUIZ

Q. 외우고 있는 시가 있다면 한 구절만 써 봅시다.

관련어 톡톡

중얼거리며 써 보기

朗誦	朗誦	朗誦		

| 073 |

선거

選 擧

가릴 선 들 거

문해력 쑥쑥 '당선'이라고 하면 떠오르는 어휘가 있지요? 바로 선거입니다. 회장 선거, 임원 선거 등! 선(選)은 '가리다, 분간하다, 뽑다'를, 거(擧)는 '들다, 오르다'를 뜻해요. 선거는 **어떤 집단이나 조직의 대표를 뽑는 것**을 말해요. **선거권을 가진 사람이 공직자를 뽑는다**는 의미도 있습니다. 선거는 어떤 방법으로 진행되나요? 투표라는 점도 같이 기억해요.

" 열정적으로 생각을 말한 결과, 選擧에서 회장으로 뽑혔어요. "

" 올해는 국회의원 選擧가 있는 해입니다. "

실력 쑥쑥 QUIZ

Q. '선거'를 민주주의의 꽃이라고 하는 이유에 대해 가족들과 이야기해 봅시다.

관련어 톡톡

중얼거리며 써 보기

選擧	選擧	選擧		

| 074 |

우수
優 秀
넉넉할 우 빼어날 수

문해력 쑥쑥 상장에 보면 자주 나오는 말이 있어요. 우수한 실력, 우수한 성적! 우(優)는 '넉넉하다, 뛰어나다'를, 수(秀)는 '빼어나다, 높이 솟아나다'를 뜻해요. 즉, 우수는 **여럿 가운데 뛰어남, 빼어남**을 의미하지요. 우수 선수, 우수 작품, 우수 독후감 등 어디에든 우수라는 말이 붙으면 기분이 좋겠지요?

" 優秀한 학생을 데려가기 위한 학교의 홍보가 진행되었다. "

" 이 물건은 품질이 정말 優秀해. "

실력 쑥쑥 QUIZ

Q. 자신에게 우수상을 준다면 어떤 일로 상을 주고 싶은지 써 봅시다.

우수상

상의 이름: ....

상을 주는 이유: ....

관련어 톡톡

중얼거리며 써 보기

優秀	優秀	優秀		

075
정의
正 義
바를 정 옳을 의

문해력 쑥쑥 만화나 영화를 보면 누군가 위기에 빠졌을 때 '정의의 사도'가 나타납니다. 정(正)은 '바르다, 바로잡다'를, 의(義)는 '옳다, 바르다'를 뜻해요. 정의는 **바른 도리에 맞는 올바른 생각과 행동**입니다. **사회와 공동체를 위한 바른 도리**라고 할 수 있지요. 자유, 정의, 진리! 중요한 가치를 늘 명심하도록 해요.

"正義가 구현되는 사회를 만들기 위해 모두가 노력해야 해.
법원에서는 正義로운 판결을 내려야겠지."

실력 쑥쑥 QUIZ

Q. 다음 중 '정의'의 반대말은?

① 공정, 도리
② 불의, 정도
③ 협의, 부정의
④ 불의, 부정의

관련어 톡톡

중얼거리며 써 보기

正義	正義	正義		

답: ④

| 076 |

나열

羅 列

벌일 나(라) 벌일 열

문해력 쑥쑥 사고 싶은 물건을 죽 나열해 볼까요? 스마트폰, 컴퓨터, 아이돌 굿즈! 설마 책?! 나(羅)는 '벌이다, 벌이어 놓다, 늘어서다'를, 열(列)은 '벌이다, 늘어놓다'를 뜻해요. 즉, 나열은 **죽 벌여 놓음, 나란히 줄을 지음**을 의미합니다. 나열만큼 중요한 것이 어떻게 구성하느냐겠지요.

" 여행에 필요한 물건을 羅列해 보자. "

" 이번 사건을 순서대로 羅列해 정리했습니다. "

실력 쑥쑥 QUIZ

Q. '나열'과 비슷한말이 아닌 것은?

① 열거
② 진열
③ 분해
④ 배열

관련어 톡톡

중얼거리며 써 보기

羅 列	羅 列	羅 列		

답: ③

| 077 |

비유

比 喩

견줄 비 깨우칠 유

문해력 쑥쑥 "사과 같은 내 얼굴. 예쁘기도 하지요." 이 노래에서는 얼굴을 사과에 빗대고 있네요. 비(比)는 '견주다, 본뜨다, 모방하다'를, 유(喩)는 '깨우치다, 깨닫다, 이르다'를 뜻해요. 비유는 **어떤 사물이나 현상을 그와 비슷한 다른 사물이나 현상에 빗대어 표현함**을 말합니다. 비유를 잘하면 글짓기나 시 쓰기에서 두각을 나타내요.

" 공부는 마라톤에 比喩할 수 있어요.
긴 시간 동안 인내심을 갖고 도전하는 것! "

실력 쑥쑥 QUIZ

Q. 학교에서 배운 비유법을 기억해 보고, 자신을 사물, 물건, 자연 현상에 빗대어 표현해 봅시다.

[예시] 하늘의 구름 같은 나의 마음.

관련어 톡톡

중얼거리며 써 보기

比 喩	比 喩	比 喩		

| 078 |

생략
省略
덜 생 간략할 략

문해력 쑥쑥 줄거리를 말하는 글을 보면 생략이라는 말이 나오지요? 글쓰기 숙제를 할 때 내용이 반복되면 생략하기도 하지요? 생(省)은 '덜다, 살피다, 허물다', 략(略)은 '간략하다, 생략하다'를 뜻해요. 생략은 **전체에서 일부를 줄이거나 뺌**을 의미하지요. 말 그대로 덜고 줄이는 것을 말합니다.

" 이하 내용은 省略합니다. "

" 다음 이야기는 모두 아시는 내용이라 省略할게요. "

실력 쑥쑥 QUIZ

Q. '전략, 중략, 후략'의 뜻을 추측해 봅시다. 뜻이 어려우면 사전에서 찾아봅시다.

전략: ....

중략: ....

후략: ....

관련어 톡톡

중얼거리며 써 보기

省略	省略	省略		

079

갈등

葛 藤

칡 갈 등나무 등

문해력 쑥쑥 칡과 등나무 뿌리가 얽혀 있는 모양을 생각해 봅시다. 아주 복잡하게 얽힌 모습이 떠오르지요? 갈(葛)은 '칡, 덩굴'을, 등(藤)은 '등나무'를 뜻해요. 갈등은 칡과 등나무가 서로 얽히는 것처럼 **개인이나 집단이 서로 충돌하는 것**을 말하지요. 또한 소설이나 희곡에서 인물 사이의 대립과 충돌을 뜻하기도 합니다. 갈등은 현명하게 풀어야겠지요?

> "동생과 컴퓨터를 누가 먼저 쓸 것인지 싸우다 葛藤이 생겼어요.
> 葛藤의 골이 깊지만, 해결을 위해 노력해 보겠습니다."

실력 쑥쑥 QUIZ

Q. 최근에 마음속으로 겪은 '갈등', 다른 사람과 겪은 '갈등'이 있었는지 생각해 봅시다.

관련어 톡톡

중얼거리며 써 보기

葛藤	葛藤	葛藤		

| 080 |

경기

競 技

다툴 경　재주 기

문해력 쑥쑥 올림픽 경기 중에서 어떤 종목을 가장 좋아하나요? 경(競)은 '다투다, 겨루다'를, 기(技)는 '재주, 재능, 솜씨, 능력, 기술'을 뜻해요. 경기는 **일정한 규칙에 따라 자신의 기술이나 기량을 겨루는 것**을 뜻해요. 즉, 누가 **더 잘하는지 겨루는 것**이지요. 비슷한말로 '스포츠, 시합, 운동, 게임' 등이 있어요.

" 온라인 게임 競技에 참가하게 되었다. 이겨야지. "

" 네, 저 선수가 競技 규칙을 위반했어요. 규칙을 잘 지켜야지요? "

실력 쑥쑥 QUIZ

Q. 가장 좋아하는 운동 '경기'를 1순위부터 3순위까지 써 봅시다.

1순위: ....

2순위: ....

3순위: ....

관련어 톡톡

중얼거리며 써 보기

競技	競技	競技		

081

애매

曖昧

희미할 애 어두울 매

문해력 쑥쑥 진눈깨비는 눈일까요? 비일까요? 이런 문제는 답하기가 애매하지요. 애(曖)는 '희미하다, 가리다, 가려지다'를, 매(昧)는 '어둡다, 컴컴하다'를 뜻해요. 애매는 **희미하여 분명하지 아니함**이라는 말이에요. **사람의 말, 성질, 태도가 분명하지 않은 경우**에도 쓸 수 있어요. 불투명, 불명확과 비슷한 의미입니다.

> "요즘 날씨가 曖昧해서 긴 옷을 입어야 할지, 짧은 옷을 입어야 할지 모르겠어."

실력 쑥쑥 QUIZ

Q. 다음 중 '애매'의 반대말은?

① 명확
② 모호
③ 불투명

관련어 톡톡

중얼거리며 써 보기

曖昧	曖昧	曖昧		

답: ①

| 082 |

범위
範 圍
법 범 에워쌀 위

문해력 쑥쑥 과제의 범위, 시험 범위라는 말을 들어 보았지요? 범(範)은 '법, 한계, 테두리'를, 위(圍)는 '에워싸다, 둘러싸다, 두르다'를 뜻해요. 범위는 **일정하게 한정된 영역이나 어떤 힘이 미치는 한계**를 의미해요. 세력 범위, 활동 범위로 사용되기도 하지지요. 비슷한말로 '한계, 영역, 구역' 등이 있어요.

“ 안전을 위해 캠핑장 範圍 안에서만 활동해야 합니다. ”

“ 시험 範圍가 너무 많아. 어쩌지? ”

실력 쑥쑥 QUIZ

Q. 다음 예시 단어를 넣어 문장을 만들어 봅시다.

[예시 1] 여행, 범위

[예시 2] 범위, 활동

관련어 톡톡

중얼거리며 써 보기

範 圍	範 圍	範 圍		

| 083 |

준수

遵 守

좇을 준 지킬 수

문해력 쑥쑥 모두의 안전을 위해 교통 법규를 지켜야 할 때, 어떤 단어를 써야 할까요? 준(遵)은 '좇다, 따르다, 복종하다'를, 수(守)는 '지키다, 직무'를 뜻해요. 준수는 **규칙, 명령, 법률을 따르고 지키는 것**을 의미하지요. 준수의 비슷한말로 '엄수(명령, 약속을 어김없이 지킨다)'라는 말도 있습니다.

" 학교의 규칙인 교칙을 잘 遵守해야 해요. "

" 캠핑장 이용 규칙을 잘 살펴보고 遵守해 주시길 부탁드립니다. "

실력 쑥쑥 QUIZ

Q. 생활 속에서 경험한 이용 규칙을 떠올려 봅시다.

[예시] 도서관 이용, 식당 예절, 거리 두기 등.

관련어 톡톡

중얼거리며 써 보기

遵守	遵守	遵守		

| 084 |

예측

豫 測

미리 예 헤아릴 측

문해력 쑥쑥 숙제를 하지 않으면? 음식을 많이 먹으면? 어떤 일이 벌어질지 결과를 예측할 수 있지요? 예(豫)는 '미리, 먼저, 앞서'를, 측(測)은 '헤아리다, 재다, 알다'를 뜻해요. 예측은 **앞으로 일어날 일을 미리 짐작함, 미리 헤아려 짐작함**을 의미하지요. 비슷한말로 '예상, 예견, 짐작'이 있어요.

" 미래 사회의 변화에 대한 豫測을 해 볼까요? "

" 하늘을 보니 일기 예보를 豫測할 수 있겠어. "

실력 쑥쑥 QUIZ

Q. 10년 뒤에 가장 크게 달라질 것 같은 세상의 모습이 무엇일지 한 가지만 '예측'해 봅시다.

[예시] 전기차가 보편화될 것 같다.

관련어 톡톡

중얼거리며 써 보기

豫 測	豫 測	豫 測		

| 085 |

호칭

呼 稱

부를 호 일컬을 칭

문해력 쏙쏙 제자들이 요즘에 저를 '용철쌤'이라고 부르네요. 과거와는 호칭이 바뀌었어요. 호(呼)는 '부르다'를, 칭(稱)은 '일컫다, 부르다, 이르다'를 뜻해요. 즉, 호칭은 **이름을 부름 또는 그 이름**을 의미합니다. 생활에서 말을 걸기 위해 **상대를 부르는 것**을 이르기도 해요. 여러분은 '형, 오빠, 누나, 언니, 동생, 친구, 선배, 후배' 등 어떤 호칭이 좋은가요?

" 선배라는 呼稱 대신에 형이라고 불러 줘. "

" 저는 '선생님'이라는 呼稱이 참 좋아요. "

실력 쑥쑥 QUIZ

Q. '호칭'과 비슷한말이 아닌 것은?

① 이름
② 명칭
③ 칭호
④ 대칭

관련어 톡톡

중얼거리며 써 보기

呼稱	呼稱	呼稱		

답: ④

| 086 |

고려

考 慮

생각할 고 생각할 려

문해력 쑥쑥 '생각'이라는 고유어는 상황에 따라 여러 가지 한자어로 나타낼 수 있어요. 고려, 상상, 연상, 추측, 사고 등. 고(考)는 '생각하다, 깊이 헤아리다, 살펴보다'를, 려(慮)는 '생각하다, 헤아려 보다'를 뜻해요. 고려는 **생각함, 헤아려 봄**을 의미하지요. 헤아리고 곰곰이 생각하는 느낌이 강한 말이네요.

" 도로 상황을 考慮하여 출발해야겠어요. "

" 상대방의 입장을 考慮하는 마음이 역지사지입니다. "

실력 쑥쑥 QUIZ

Q. '고려'와 비슷한말이 아닌 것은?

① 사려

② 분류

③ 감안

④ 생각

관련어 톡톡

중얼거리며 써 보기

考慮	考慮	考慮		

답: ②

| 087 |

국경일
國 慶 日
나라 국 경사 경 날 일

문해력 쑥쑥 대한민국 5대 국경일은? 삼일절, 제헌절, 광복절, 개천절, 한글날입니다. 국(國)은 '국가, 나라'를, 경(慶)은 '경사, 축하할 일'을, 일(日)은 '날, 해'를 뜻해요. 국경일은 **나라의 경사를 기념하기 위하여, 국가에서 법률로 정한 날**을 의미합니다. 경사스러운 일을 축하하는 경축일이지요.

" 삼일절을 맞이하여 태극기를 달았어요.
國慶日을 잘 기념해야 해요. "

실력 쑥쑥 QUIZ

Q. 대한민국 5대 '국경일'이 아닌 것은?

① 삼일절
② 제헌절
③ 광복절
④ 식목일

관련어 톡톡

중얼거리며 써 보기

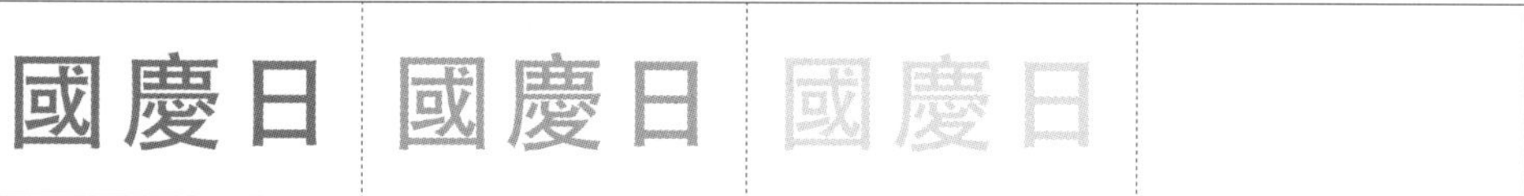

답: ④

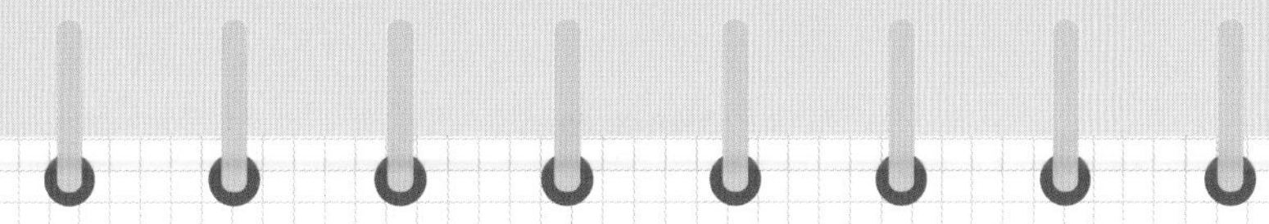

문해력으로 성장하는 우리 ③

출소 vs. 출마

문성우

나, 이번에 전교 회장 선거에 나가기로 결심했어.
친구들한테 내가 회장으로 출소한 이유를 잘 이야기해야지.

박정은

성우야, 방금 뭐라고 했어?
선거에 나가는 건 '출소'가 아니라, '출마'야.

문성우

으잉? 둘 다 비슷한말 아냐?

용철쌤

그렇지 않아요. 출마는 한자를 풀면 '말을 타고 나간다'
라는 의미로, 선거에 후보로 나선다는 뜻이에요.
출소는 '교도소에서 석방되어 나오는 것'을 말하지요.
하여튼 출소든, 출마든 축하합니다~.

함께 생각하기

어휘를 잘못 사용하면 곤란한 상황에 빠질 수도 있어요. 그래요, 교우 관계, 학교생활, 사회생활에서 어휘를 정확하게 사용하는 것은 매우 중요하지요. 어휘 사용은 그 사람의 교양, 지식, 인격을 보여주기 때문이에요.

| 088 |

주장
主 張
주인 주 베풀 장

문해력 쑥쑥 주장하는 글은 '이것'과 근거로 구성되어 있어요. 이것은 바로 주장입니다. 주(主)는 '주인, 주체'를, 장(張)은 '베풀다, 드러내다, 내밀다'를 뜻해요. 즉, **자기의 의견이나 주의를 강하게 내세우는 것**을 의미합니다. 평소 어떤 주제에 대해 **입장이나 의견을 표현하는 것**을 말하기도 해요.

" 방학을 다섯 달로 늘리자니, 터무니없는 主張이다. "

" 토론에서 양측의 主張이 팽팽하게 맞섰다. "

실력 쑥쑥 QUIZ

Q. '주장'과 비슷한말에 모두 O표 하세요.

[의견 비하 목소리 강변 대립]

관련어 톡톡

중얼거리며 써 보기

主張 主張 主張

답: 의견, 목소리, 강변

| 089 |

강약
强 弱
강할 강 약할 약

문해력 쑥쑥 음악 시간에 강-약, 중강-약! 이런 것을 배운 적이 있지요? 강(强)은 '강하다, 굳세다, 세차다'를, 약(弱)은 '약하다, 약해지다, 쇠해지다'를 뜻해요. 강약은 **힘이 강하고 약함**을 의미해요. 강약이라는 말은 악기 연주, 운동, 요리, 과학 실험 등 다양한 상황에서 사용되곤 해요.

" 드럼이나 북을 칠 때는 强弱을 잘 조절해야 해요. "

" 요리할 때는 불의 强弱이 무엇보다 중요합니다. "

실력 쑥쑥 QUIZ

Q. '강-약'과 같은 관계가 아닌 것은?

① 찬반

② 가부

③ 왕래

④ 토의

관련어 톡톡

중얼거리며 써 보기

强弱	强弱	强弱		

답: ④

| 090 |

견학

見 學

볼 견　배울 학

문해력 쑥쑥 방송국, 박물관, 공장, 연구소와 같은 곳에 견학을 가 본 적이 있나요? 견(見)은 '보다, 눈으로 보다, 뵙다'를, 학(學)은 '배우다, 학문'을 뜻해요. 뜻만 보면 보고 배운다는 의미지만 더 깊게 살펴보면 **특정 장소에 가서 구체적인 지식을 배우는 것**을 말해요. 직접 방문해서 배운다는 점이 중요하지요.

" 방송국에 見學 가서 처음으로 연예인을 보았어요. "

" 천문대를 見學하여 직접 별을 보았습니다. "

실력 쑥쑥 QUIZ

Q. 그동안 '견학'한 장소 중에서 가장 기억에 남는 곳을 적고, 그 이유를 말해 봅시다.

관련어 톡톡

중얼거리며 써 보기

見學	見學	見學		

091

노약자

老弱者

늙을 노 약할 약 사람 자

문해력 쑥쑥 대중교통을 이용할 때 '노약자석'을 본 적이 있지요? 노(老)는 '늙다, 쇠하다'를, 약(弱)은 '약하다, 약한 자'를, 자(者)는 '사람'을 뜻해요. 노약자는 말 그대로 **늙거나 약한 사람**을 의미하지요. **늙은 사람과 약한 사람을 모두 아우르는 말**이에요. 모두 함께 노약자를 배려하는 사회를 만듭시다.

"老弱者 보호석에는 이에 해당하는 분들이 앉아야 합니다.
老弱者와 함께 사는 사회를 만듭시다."

실력 쑥쑥 QUIZ

Q. '노약자' 보호석을 잘 지키자는 의미를 담은 홍보 문구를 만들어 봅시다.

[예시] 누구나 언젠가는 노약자가 됩니다.

관련어 톡톡

중얼거리며 써 보기

老弱者	老弱者	老弱者	

| 092 |

등식

等 式

무리 등 법 식

문해력 쑥쑥 '34×12=408' 이런 것을 무엇이라고 할까요? 수학 시간에 등식이라는 단어를 들어 본 적이 있을 거예요. 등(等)은 '무리, 같다, 차이가 없다'를, 식(式)은 '법, 법규, 규정'을 뜻해요. 등식은 **수, 문자, 식을 써서 나타내는 관계식**을 의미합니다. 같음표인 '='을 사용하여 왼쪽과 오른쪽이 같다는 것을 표현하지요.

" 이 等式은 좌변의 수와 우변의 수가 같다. "

" 이 等式은 증명하기가 너무 어렵다. "

실력 쑥쑥 QUIZ

Q. 다음의 같음표를 이용하여 '등식'을 하나 만들어 봅시다.

[예시] 파란색 + 노란색 = 초록색

_______________ = ________

관련어 톡톡

중얼거리며 써 보기

等式	等式	等式		

| 093 |

신분

身 分

몸 신　나눌 분

문해력 쑥쑥 학생증, 주민등록증, 운전면허증과 같은 것을 무엇이라고 부르나요? 바로 신분증입니다. 신(身)은 '몸, 신체, 나, 자기'를, 분(分)은 '나누다, 구별하다'를 뜻해요. 신분은 **개인의 사회적인 위치나 자격**으로 **어디에 속해 있는지를 나타내는 사회적인 지위**지요. 비슷한말로 '자격, 지위, 계급, 계층' 등이 있어요.

" 그분은 외교관 身分으로 외국에서 활동하고 계셔. "

" 身分을 밝히지 않은 분이 큰 금액을 기부하셨습니다. "

실력 쑥쑥 QUIZ

Q. 자신이 원하는 '신분'을 넣어서, 미래 명함을 만들어 봅시다.

이름: ....

직업: ....

회사: ....

관련어 톡톡

중얼거리며 써 보기

身分	身分	身分		

| 094 |

원인

原 因

근원 원 인할 인

문해력 쑥쑥 조사, 분석, 규명, 결과라는 말과 함께 사용하는 어휘가 있어요. 바로 원인입니다. 원(原)은 '근원, 근본, 원래'를, 인(因)은 '인하다, 말미암다'를 뜻해요. 원인은 **사물의 결과, 상태가 발생하게 한 근본이 된 일이나 사건**을 의미해요. 한마디로 **결과를 초래한 요소**라고 생각할 수 있겠어요.

" 문제의 해답은 原因에 있어요.
실패의 原因을 분석하고 보완하여 성공하게 되었지요. "

실력 쑥쑥 QUIZ

Q. '원인'과 비슷한말에 모두 O표 하세요.

[발단 판명 이유 사유 까닭 결과]

관련어 톡톡

중얼거리며 써 보기

原因	原因	原因		

답: 발단, 이유, 사유, 까닭

| 095 |

일시
一 時
한 일 때 시

문해력 쑥쑥 출발선에서 모두가 달릴 준비를 하고 있어요. 출발 신호가 나자 친구들이 동시에 달려 나가지요? 일(一)은 '하나, 모두'를, 시(時)는 '때, 때를 어기지 아니하다'를 뜻해요. 일시는 **같은 때, 모두 동시**를 의미해요. 이런 의미일 때는 주로 '일시에'라는 표현으로 사용되지요. 또한 **'잠깐 동안'**이라는 뜻도 함께 기억하세요.

" 연주가 끝나자 청중들이 一時에 박수를 쳤어요. "

" 신생아를 돌볼 때는 一時도 마음을 놓을 수 없다. "

실력 쑥쑥 QUIZ

Q. '일시'를 넣어서 짧은 글을 지어 보세요.

[예시] 하늘에 뜬 보름달을 보고 일시에 움직이는 마음.

관련어 톡톡

중얼거리며 써 보기

一時	一時	一時		

096

일치

一 致

한 일 이를 치

문해력 쑥쑥 우연의 ㅇㅊ! 만장ㅇㅊ! 초성 단어가 떠오르지요? 바로 일치입니다. 일(一)은 '하나, 한 번, 모두'를, 치(致)는 '이르다, 이루다, 도달하다'를 뜻해요. 일치는 **서로 꼭 맞음, 어긋나지 아니하고 같거나 들어맞음**을 의미합니다. 비교하는 대상이 서로 같을 때 사용하며, 비슷한말로는 '통일, 합치, 부합' 등이 있어요.

> "회의 결과, 이번 체험 학습에서는
> 만장一致로 영화를 보는 것이 결정되었습니다."

실력 쑥쑥 QUIZ

Q. 초성 단서를 보고 빈칸에 들어갈 단어를 맞혀 봅시다.

일치는 서로 어긋나지 아니하고 꼭 [ㅁㅇ].

관련어 톡톡

줄얼거리며 써 보기

一致	一致	一致		

답: 맞음

| 097 |

자습

自 習

스스로 자 익힐 습

문해력 쑥쑥 공부의 다른 이름인 학습은 배움과 익힘입니다. 학습은 무엇보다 스스로 하는 것이 중요하지요? 자(自)는 '스스로, 자기'를, 습(習)은 '익히다, 배우다, 연습하다'를 뜻해요. 자습은 **혼자의 힘으로 배워서 익힘**을 의미해요. 상황에 따라 **선생님의 가르침 없이 학생들이 자체로 공부하는 것**을 말하기도 합니다.

" 철수는 방과 후에 학교에서 한 시간씩 自習을 하고 간다. "

" 自習실에서 공부하면서 기다리고 있을게. "

실력 쑥쑥 QUIZ

Q. 그동안 '자습'했던 경험을 되돌아보고, 좋았던 점과 부족했던 점을 생각해 봅시다.

관련어 톡톡

중얼거리며 써 보기

自 習	自 習	自 習		

| 098 |

작품

作 品

지을 작 물건 품

문해력 쑥쑥 문학 작품, 미술 작품, 예술 작품! 작품이라는 말을 많이 들어 보았지요? 작(作)은 '짓다, 만들다, 창작하다'를, 품(品)은 '물건, 물품'을 뜻해요. 한자 그대로는 **만든 물품**이지만, 일반적으로 **예술 창작의 결과물**을 의미해요. 열심히 노력하면 여러분이 창작한 글이나 그림이 유명한 작품이 될 수도 있겠지요?

" 이번 시간에 만든 종이 공예 作品들이 정말 창의적이네요. "

" 문학 作品을 감상할 때는 작가의 의도를 파악하는 것이 중요해요. "

실력 쑥쑥 QUIZ

Q. '작품'과 비슷한말에 모두 O표 하세요.

[제품 창작물 제작물 예술품]

중얼거리며 써 보기

作品	作品	作品		

답: 모두

| 099 |

지시

指 示

가리킬 지　보일 시

문해력 쑥쑥 선생님이 학생에게 시키는 것, 또는 상급 기관이 하급 기관에 내리는 것은? 바로 지시입니다. 지(指)는 '가리키다, 지시하다, 손가락'을, 시(示)는 '보이다, 알리다'를 의미해요. 지시는 한자 뜻대로는 **가리켜 보임**, 그 외에 **일러서 시킴**을 모두 말합니다. 상황에 따라 지적, 손가락질, 명령의 의미로 사용되기도 하지요.

"약은 약사의 指示에 따라 복용해야 해요."

"그 직원의 말에 따르면 상부의 指示로 그 일을 했다고 합니다."

실력 쑥쑥 QUIZ

Q. 다음 중 '지시'하기에 적합하지 않은 관계는?

① 선생님 - 학생
② 부모님 - 자녀
③ 친구 - 친구
④ 상사 - 부하직원

관련어 톡톡

중얼거리며 써 보기

指示	指示	指示		

답: ③

| 100 |

합계

合 計

합할 합 **셀** 계

문해력 쑥쑥 사칙연산에서 가장 첫 번째로 나오는 것은 무엇일까요? 바로 덧셈이지요. 합(合)은 '합하다, 모으다'를, 계(計)는 '세다, 셈하다, 계산하다'를 뜻해요. 합계는 **한데 합하여 계산함** 또는 **합하여 계산한 수**를 말하지요. 수학이나 경제 공부를 하면 총계, 총합계, 합산, 도합이라는 말이 나오는데 모두 합계와 같은 말이랍니다.

" 이번 여름 강우량의 合計가 얼마나 되나요? "

" 와, 음식의 열량 合計가 엄청나네. 그래서 이렇게 맛있는 걸까? "

실력 쑥쑥 QUIZ

Q. 한 달 동안 평균적으로 사용하는 용돈의 '합계'가 얼마인지 계산해 봅시다.

관련어 톡톡

중얼거리며 써 보기

合計	合計	合計		

| 101 |

차별

差別

다를 차 나눌 별

문해력 쑥쑥 성별, 피부색, 나이, 종교에 따라 다른 사람을 차별해서는 안 되겠지요? 차(差)는 '다르다, 어긋나다, 틀림'을, 별(別)은 '나누다, 갈라짐'을 뜻해요. 차별은 **등급, 수준에 차이를 두어서 구별하는 것**을 말하지요. 차별은 일반적으로 부정적인 상황에서 많이 사용되는 어휘랍니다.

" 장애인 差別, 외모 差別, 경제적 差別 등은 없어져야 합니다. "

" 홍길동은 첩의 자식이라는 이유로 差別받았다. "

실력 쑥쑥 QUIZ

Q. 다음 중 '차별'과 비슷한말이 아닌 것은?

① 차등

② 구별

③ 평등

중얼거리며 써 보기

差別	差別	差別		

답: ③

102

결론

結論

맺을 결 논할 론

문해력 쑥쑥 서론, 본론 다음에 나올 것은? 바로 결론입니다. 결(結)은 '맺다, 열매를 맺다, 끝내다'를, 론(論)은 '말하다, 진술하다, 서술하다'를 뜻해요. 결론은 **말이나 글에서 끝을 맺는 부분**을 의미하지요. **최종적으로 판단을 내린다**는 뜻도 있어요. 비슷한말로는 '마무리, 맺는말, 결말, 귀결' 등이 있습니다.

“ 주장하는 글에서는 주장이 제일 앞부분 또는 結論 부분에 나와요. 結論에 나올 때는 미괄식이라고 하지요. ”

실력 쑥쑥 QUIZ

Q. '결론'이라는 어휘를 넣은 문장을 만들어 봅시다.

[예시] 학급 회의 결과, 다음과 같은 결론이 나왔다.

관련어 톡톡

중얼거리며 써 보기

結論	結論	結論		

103

공고

公 告

공평할 공 **고할** 고

문해력 쑥쑥 게시판을 보면 모집 공고 같은 말이 쓰여 있을 때가 있어요. 공(公)은 '공평하다, 공적인 것'을, 고(告)는 '고하다, 알리다, 발표하다'를 뜻해요. 한자의 뜻을 그대로 풀어 보면 **공적으로 알림**, 즉, **세상에 널리 알림**을 의미하지요. 비슷한말로 '공포, 광고'와 같은 말도 있어요.

" 시험 일정이 公告되었다고 해. 흑흑. "

" 동아리 회원을 모집하는 公告를 알림판에 게시하였습니다. "

실력 쑥쑥 QUIZ

Q. 학교 혹은 아파트 게시판에서 어떤 '공고문'을 본 적이 있는지 떠올려 봅시다.

줌얼거리며 써 보기

公告	公告	公告		

| 104 |

공유

共有

한가지 공 있을 유

문해력 쑥쑥 친구들과 파일을 공유하여 작업해 본 적이 있나요? 공유 자전거를 타 본 적이 있나요? 공(共)은 '한가지, 함께, 같이'를, 유(有)는 '있다, 존재하다, 소유'를 뜻해요. 공유는 **한 물건을 공동으로 소유함**을 의미해요. 즉, **두 사람 이상이 물건을 함께 갖거나 사용하는 것**이지요. 좋은 것은 주변 사람과 함께 나누고 사용하면 더욱 좋겠지요?

" 내가 아끼는 음악 리스트를 너에게 共有해 줄게. "

" 共有 자전거는 필요할 때만 사용할 수 있어서 편리해요. "

실력 쑥쑥 QUIZ

Q. '공유'와 비슷한말에 모두 O표 하세요.

[각자 공동 공통 분리]

관련어 톡톡

중얼거리며 써 보기

共有	共有	共有		

정답 : 공동, 공통

| 105 |

공정
公 正
공평할 공 바를 정

문해력 쑥쑥 자신이 어떤 운동 경기에서 심판을 보고 있다고 가정해 봅시다. 공정하게 판정해야겠지요? 공(公)은 '공평하다, 공정하다'를, 정(正)은 '바르다, 정당하다, 바로잡다'를 뜻해요. 즉, 공정은 **공평하고 올바름**을 의미해요. 법, 언론, 정치도 모두 공정해야 사회가 바르게 돌아가겠지요?

" 그 언론사는 公正한 보도를 하기로 소문난 곳이야.
그래서 기사 내용을 항상 믿을 수 있지. "

실력 쑥쑥 QUIZ

Q. '공정'과 비슷한말에 모두 O표 하세요.

[편파 균등 차별 정의 공평]

관련어 톡톡

중얼거리며 써 보기

公正	公正	公正		

답: 균등, 정의, 공평

| 106 |

과소비

過消費

지날 과 사라질 소 쓸 비

문해력 쑥쑥 친구와 이것저것 사고 놀다 보니 용돈이 모두 바닥났네요. 과하게 소비를 하면 문제가 생기겠지요? 과(過)는 '지나다, 지나치다, 초과하다'를, 소(消)는 '사라지다, 빠지다, 모자라다'를, 비(費)는 '쓰다, 소비하다'를 뜻해요. 과소비는 **필요 이상으로 돈, 물품을 써서 없애는 일**을 의미하지요. 무엇이든 필요한 만큼 사용하는 태도가 중요해요.

" 필요하지 않은 문구를 그렇게 많이 샀니? 過消費를 했구나. "

" 過消費가 아니라 언젠가 다 쓸 것들이야. "

실력 쑥쑥 QUIZ

Q. '과소비'했던 경험을 떠올려 보고, 과소비를 줄이기 위한 나만의 방법을 생각해 봅시다.

관련어 톡톡

중얼거리며 써 보기

過消費	過消費	過消費	

| 107 |

국립

國 立

나라 국 설 립

문해력 쑥쑥 학교는 국립, 공립, 사립으로 종류가 나뉘어요. 국립도서관, 국립박물관, 국립미술관이라는 명칭도 들어 보았지요? 국(國)은 '나라, 국가'를, 립(立)은 '서다, 세우다, 이루어지다'를 뜻해요. 국립은 **국가에서 세움**을 뜻해요. **개인이 아닌 공공의 이익을 위해 나라에서 예산을 세우고 관리하는 곳**이지요.

" 주말에 가족과 國立공원에 갔어. "

" 國立극장, 國立도서관, 國立국어원에 가 봐야겠다. "

실력 쑥쑥 QUIZ

Q. 학교를 제외하고 우리 지역에 '국립'이라는 말이 들어간 기관이나 장소가 있는지 검색해 봅시다.

[예시] 국립미술관, 국립공원 등

관련어 톡톡

중얼거리며 써 보기

| 108 |

권리

權 利

권세 권 **이로울** 리

문해력 쏙쏙 어린이는 누구나 교육받을 권리가 있습니다. 그렇다면 권리를 잘 누려야겠지요? 권(權)은 '권력, 권한, 권세'를, 리(利)는 '이롭다, 유익하다'를 뜻해요. 권리는 **권세와 이익**으로 **어떤 일을 자유롭게 하거나 다른 사람에 대하여 당연히 요구하는 자격**을 말합니다. 비슷한말로 '권한, 자격, 권익' 등이 있고, 반대말로 '의무'가 있어요.

“ 국민의 자유와 權利는 무엇보다 중요합니다. ”

“ 의무를 지키지 않으면서 權利만 주장해서는 안 돼. ”

실력 쑥쑥 QUIZ

Q. 헌법에 명시된 국민의 다섯 가지 '권리'는 무엇일까요?

관련어 톡톡

중얼거리며 써 보기

權利	權利	權利		

답: 평등권, 자유권, 참정권, 청구권, 사회권

| 109 |

기여
寄 與
부칠 기 줄 여

문해력 쑥쑥 자신이 맡은 역할을 잘하면 모둠 활동에 기여할 수 있겠지요? 기(寄)는 '부치다, 주다, 보내다'를, 여(與)는 '주다, 돕다'를 뜻해요. 기여는 **도움이 되도록 이바지하는 것으로, 집단, 목적을 위해 노력, 시간, 자원, 능력을 헌신한다는 말**이지요. 비슷한말로 '이바지, 공헌'이라는 어휘도 있어요.

> " 내가 넣은 골이 우리 팀의 승리에 결정적으로 寄與해서 기분이 좋았다. "

실력 쑥쑥 QUIZ

Q. 누군가에게 기여한 적이 있나요? '기여'라는 어휘를 넣은 표현을 만들어 봅시다.

[예시] 학급 게시판 꾸미기에 기여했다.

관련어 톡톡

중얼거리며 써 보기

寄與	寄與	寄與		

| 110 |

다수

多 數

많을 다 셈 수

문해력 쑥쑥 선거에서 승리하려면 다수의 지지를 받아야 해요. 학급 회의에서는 다수의 학생이 동의하는 사안이 채택되지요. 다(多)는 '많다, 넓다'를, 수(數)는 '셈, 세다, 계산하다'를 뜻해요. 다수는 **많은 수, 수효가 많음**을 의미하지요. 비슷한말로 '대다수, 상당수, 여럿'이 있고, 반대말로는 '소수'가 있습니다.

" 그동안 多數의 어휘들을 공부했어. "

" 多數의 학생들이 좋아하는 행사를 기획하였다. "

실력 쑥쑥 QUIZ

Q. '다수'와 비슷한말에 모두 O표 하세요.

[소수 여럿 미미 상당수 조용]

관련어 톡톡

중얼거리며 써 보기

多數	多數	多數		

답: 여럿, 상당수

| 111 |

다수결
多數決
많을 다 셈 수 결단할 결

문해력 쑥쑥 여러 사람이 모여서 논의할 때 의견이 나뉘면 이를 해결할 좋은 방법은 무엇일까요? 바로 많은 사람이 동의해서 결정하는 다수결이지요. 다(多)는 '많다, 넓다'를, 수(數)는 '셈, 세다'를, 결(決)은 '결단하다, 결정하다'를 뜻해요. 다수결은 **많은 사람의 의견에 따라 찬성과 반대를 결정하는 것**을 의미해요.

"多數決에 따라 이번에 여행지를 정하는 안건은 제주도로 결정하도록 하겠습니다."

실력 쑥쑥 QUIZ

Q. 최근에 학급 회의에서 '다수결'로 결정한 내용이 있는지 되돌아봅시다.

관련어 톡톡

중얼거리며 써 보기

多數決	多數決	多數決	

| 112 |

동기

同 期

한가지 동 **기약할** 기

문해력 쑥쑥 대학에 같이 입학한 사람은 대학 동기, 회사에 같이 들어간 사람은 입사 동기라고 해요. 동(同)은 '한가지, 함께, 같다'를, 기(期)는 '약속하다, 모이다'를 뜻해요. 동기는 **같은 시기** 또는 **같은 기간**을 의미하기도 하고 대학 동기, 입사 동기처럼 **같은 연도에 입학, 입사, 졸업 등을 한 사람**을 말하기도 해요.

" 수출이 작년 同期보다 세 배 늘었습니다. "

" 이 친구와 저는 대학교 입학 同期입니다. "

실력 쑥쑥 QUIZ

Q. 입학, 입사 등을 같이한 사람을 뜻하는 단어를 모두 고르세요.

[동기생 전학생 동창생 취학생]

관련어 톡톡

중얼거리며 써 보기

同期	同期	同期		

답: 동기생, 동창생

113

묘사

描寫

그릴 묘 베낄 사

문해력 쑥쑥 좋아하는 연예인의 얼굴을 묘사해 볼까요? 최근에 본 아름다운 풍경을 묘사해도 좋겠지요. 묘(描)는 '그리다, 그림을 그리다'를, 사(寫)는 '베끼다, 옮겨 놓다, 본뜨다'를 뜻해요. 묘사는 **대상, 사물, 현상을 말로 풀거나 그림으로 그리는 것**을 의미해요. 묘사를 잘하려면 관찰력과 표현력이 뛰어나야겠지요?

"이 소설은 인물의 심리 描寫가 뛰어납니다."

"이 글은 당시 상황을 잘 描寫했군요."

실력 쑥쑥 QUIZ

Q. 주변 사물을 둘러봅시다. 가장 먼저 눈에 띈 대상을 '묘사'해 볼까요?

관련어 톡톡

중얼거리며 써 보기

描寫	描寫	描寫		

| 114 |

무한
無 限
없을 무 한할 한

문해력 쑥쑥 식당에 갔을 때 무한 리필이라고 쓰인 것을 본 적이 있나요? 마음껏 먹을 수 있겠다는 생각이 들지요? 무(無)는 '없다, 아니다'를, 한(限)은 '한계, 한정하다, 경계, 끝'을 뜻해요. 무한은 **수량, 공간, 시간 등에 제한이 없음**, 즉 **한계가 없음**을 의미합니다. 한계가 있다는 의미인 반대말은 '유한'이에요.

" 우주는 無限한 공간이야. "

" 여러분은 無限한 가능성을 지닌 학생들입니다. "

실력 쑥쑥 QUIZ

Q. '무한'과 비슷한말에 모두 O표 하세요.

[유한 무한대 영원 한계 제한 무량]

관련어 톡톡

중얼거리며 써 보기

無限	無限	無限		

답: 무한대, 영원, 무량

115

발생

發 生

필발 날생

문해력 쑥쑥 "남태평양에서 ○○한 태풍이 한반도로 이동합니다." 빈칸에 들어갈 말은 무엇일까요? 발(發)은 '피다, 쏘다, 일어나다'를, 생(生)은 '나다, 태어나다, 살다'를 뜻해요. 발생은 **일, 사물이 생겨나는 것**을 의미하지요. 5학년 과학 시간에 생물이 생기는 과정에서 배우는 용어이기도 해요.

" 소음의 發生을 줄이기 위해서는 집을 지을 때 소리를 잘 흡수하는 소재를 사용해야 해요. "

실력 쑥쑥 QUIZ

Q. 다음 중 '발생'과 다른 말은?

① 노화
② 형성
③ 생성
④ 출현

관련어 톡톡

중얼거리며 써 보기

發 生	發 生	發 生		

답: ①

116

발언

發 言

필 발 말씀 언

문해력 쑥쑥 평소에는 친구에게 "철수야, 말해."라고 하지만 학급 회의 시간에는 "철수 님, 발언해 주십시오."라고 격식 있게 말하지요? 발(發)은 '피다, 쏘다, 일어나다'를, 언(言)은 '말씀, 언어'를 뜻해요. 발언은 **생각, 의견을 드러내어 말함**을 의미합니다. **말을 꺼내어 의견을 나타내는 것**이지요. 주로 강의, 토론, 발표에서 사용하는 말입니다.

"김철수 님, 회의에서는 發言권을 얻어 말씀해 주시길 바랍니다."

"오늘 회장님께서 중대한 發言을 하신다고 해."

실력 쑥쑥 QUIZ

Q. 학급 회의에 참여한 경험을 떠올려 봅시다. 직접 했던 '발언'의 내용을 간단하게 메모해 봅시다.

관련어 톡톡

중얼거리며 써 보기

發言	發言	發言		

117

부작용

副 作 用

버금 부 지을 작 쓸 용

문해력 쑥쑥 약을 사면 설명서에 부작용에 대한 유의 사항이 나오지요? 부(副)는 '버금, 다음'을, 작(作)은 '짓다, 일어나다, 일으키다'를, 용(用)은 '쓰다, 부리다, 행하다'를 뜻해요. 부작용은 **어떤 행위에 붙어서 일어나는 바람직하지 못한 일**을 의미해요. **약에서는 본래 작용 외에 일어나는 부수적인 작용**을 말하지요. 주로 부정적인 의미로 쓰여요.

" 그 약을 먹은 뒤에 副作用으로 알레르기가 생겼다. "

" 副作用을 최소화하기 위해 노력해 봅시다. "

실력 쑥쑥 QUIZ

Q. '부작용'과 비슷한말에 모두 O표 하세요.

[역효과 역작용 효과 유의미]

관련어 톡톡

중얼거리며 써 보기

副作用	副作用	副作用	

답: 역효과, 역작용

| 118 |

분류

分 類

나눌 분 무리 류

문해력 쑥쑥 스마트폰 앱을 종류별로 분류해 볼까요? 이때 기준이 가장 중요하지요. 분(分)은 '나누다, 구별하다'를, 류(類)는 '무리, 비슷하다'를 뜻해요. 분류는 **종류에 따라서 가름**을 의미하지요. 즉, **큰 개념을 작은 개념으로 구분하여 정리하는 것**을 말합니다. 기준에 따라 분류 결과가 달라진다는 것을 명심하세요.

" 앱을 공부, 여행, 교통, 놀이 폴더로 分類했다. "

" 도서관 책은 갈래, 주제에 따라 번호를 매겨 分類되어 있다. "

실력 쑥쑥 QUIZ

Q. 책상 위에 물건이 쌓여 있나요? 그렇다면 기준을 정해 '분류'해 봅시다.

기준①: ______________________

기준②: ______________________

관련어 톡톡

중얼거리며 써 보기

分類	分類	分類		

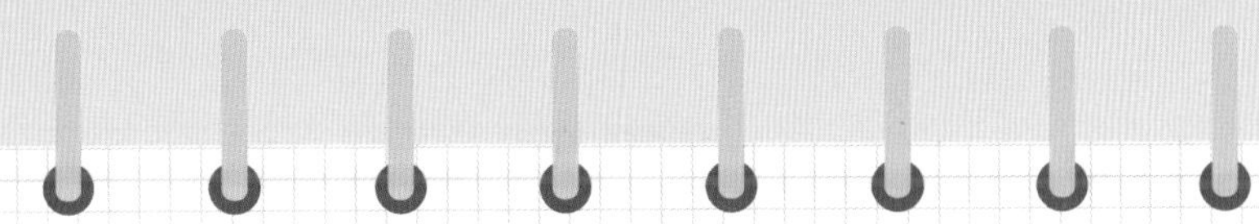

문해력으로 성장하는 우리 ④

모르는 단어가 나올 때

용철쌤

성우는 이 어휘의 뜻을 알고 있나요?

문성우

아, 그거 알았는데. 진짜 알았었는데.
알고 있었는데요. ……기억이 안 나요.

용철쌤

성우는 공부를 하거나 책을 읽다가 모르는 어휘가 나오면
보통 어떻게 하지요?

문성우

저는 그냥 모르는 단어구나 하고 쓱 넘어가요.
'우리는 다음 생애에 다시 만나자!' 이렇게 약속하고요.

용철쌤

그러면 어휘력이 늘 수 없어요.
다른 사람과 소통하기도 어렵고 교과서도 이해할 수 없겠지요.

함께 생각하기

여러분은 공부할 때나 책을 읽을 때, 모르는 어휘를 만나면 어떻게 하나요? 성우처럼 그냥 넘어가나요? 아니면 언젠가 알게 될 거라고 낙천적으로 생각하나요?
어휘는 우리의 생각과 마음을 표현하는 기본 도구입니다. 집을 지을 때 벽돌과 같은 역할, 대중교통을 이용할 때 교통 카드와 같은 역할이지요. 어휘력이 좋아야 표현과 소통을 잘하고 다른 사람의 말과 글도 잘 이해할 수 있어요.

| 119 |

분포

分 布

나눌 분 펼 포

문해력 쑥쑥 우리나라 인구는 지역에 따라 어떻게 분포되어 있을까요? 수도권에 많은 인구가 모여 있지 않을까요? 분(分)은 '나누다, 구별하다'를, 포(布)는 '펴다, 벌이다, 벌여 놓다'를 뜻해요. 분포는 **일정한 범위에 여기저기 흩어져 퍼져 있음**을 의미해요. '널림, 퍼짐'이라는 말도 같이 사용해 봅시다.

" 이 영화를 본 사람들의 연령 分布를 조사해 봅시다. "

" 식물의 分布도를 공부해 봐요. "

실력 쑥쑥 QUIZ

Q. 인터넷에 다양한 종류의 '분포도'를 검색해 보고 그중 가장 재미있는 '분포도'를 써 봅시다.

[예시] 한국의 MBTI 분포도.

관련어 톡톡

중얼거리며 써 보기

分布	分布	分布		

| 120 |

사생활

私 生 活

사사 사 날 생 살 활

문해력 쑥쑥 프라이버시라는 말을 들어 보았지요? 이를 한자어로 표현하면 사생활이에요. 사(私)는 '사삿일, 개인, 자기'를, 생(生)은 '나다, 살다'를, 활(活)은 '살다, 생활'을 뜻해요. 사생활은 **개인의 사사로운 일상생활**을 말해요. **개인적이고 사적인 부분으로, 개인정보, 행동, 생각 등이 포함**되지요. 사생활은 존중받고 침해당해서는 안 되는 영역이에요.

" 이 문과 커튼 덕분에 私生活 보호가 잘 되겠네요. "

" 그 작가의 私生活은 베일에 가려져 있습니다. "

실력 쑥쑥 QUIZ

Q. 프라이버시(privacy)의 영어 의미를 검색해서 써 봅시다.

관련어 톡톡

중얼거리며 써 보기

私生活	私生活	私生活	

| 121 |

산업
産業
낳을 산 업 업

문해력 쑥쑥 물건을 대량으로 만드는 제조업, 건축을 하는 건설업 등을 통틀어서 무엇이라고 할까요? 바로 산업입니다. 산(産)은 '낳다, 태어나다, 만들어 내다'를, 업(業)은 '일, 사업, 직업'을 뜻해요. 산업은 **우리가 살아가는 데 필요한 물건, 서비스 등을 생산하는 일**입니다. 무엇을 만들어 내는 **생산을 목적으로 하는 일**이지요.

" 한국의 자동차 産業은 눈부시게 발전했습니다.
앞으로는 환경을 고려한 친환경 에너지 産業에 주목해야 합니다. "

실력 쑥쑥 QUIZ

Q. 인터넷에서 '산업'이 들어간 말을 검색해 봅시다.
[예시] 통신 산업, 자원개발 산업 등.

관련어 톡톡

중얼거리며 써 보기

産業	産業	産業		

| 122 |

상승

上 昇

윗 상 오를 승

문해력 쑥쑥 좋아하는 연예인의 인기 상승! 성적이 급상승! 듣기만 해도 기분이 좋지요? 상(上)은 '위, 앞, 하늘'을, 승(昇)은 '오르다, 떠오르다'를 뜻해요. 상승은 **낮은 데서 위로 올라감** 또는 **가치나 정도가 이전보다 높아지는 현상**을 말하지요. 성적, 수확량, 참여도는 상승하면 좋지만, 온실가스 배출량, 미세먼지 농도 등은 상승하면 안 되겠습니다.

" 물가 上昇을 잡기 위해 각종 정책이 실행되었다. "

" 이번에 성적이 크게 上昇해 부모님의 얼굴에 미소가 가득했다. "

실력 쑥쑥 QUIZ

Q. 올라가면 좋은 것과 내려가면 좋은 것에 어떤 것이 있는지 찾아봅시다.

올라가면 좋은 것: ....

내려가면 좋은 것: ....

관련어 톡톡

중얼거리며 써 보기

上昇	上昇	上昇		

| 123 |

상호작용

相互作用

서로 상 서로 호 지을 작 쓸 용

문해력 쑥쑥 부모와 자녀의 상호작용, 선생님과 제자의 상호작용! 서로 무언가를 주고받는다는 느낌이 오지요? 상(相)은 '서로'를, 호(互)는 '서로, 함께'를, 작(作)은 '짓다, 만들다, 일하다'를, 용(用)은 '쓰다'를 뜻해요. 이처럼 상호작용은 **둘 이상의 사물이나 현상이 서로 원인과 결과가 되는 작용**을 의미합니다.

" 소셜 미디어를 사용하는 사람들의 相互作用이 활발하다. "

" 감독과 선수의 相互作用이 최고의 팀워크를 만들어. "

실력 쑥쑥 QUIZ

Q. '상호작용'과 비슷한말에 모두 O표 하세요.

[사회화 독단적 교류 개인주의]

관련어 톡톡

중얼거리며 써 보기

相互作用	相互作用	相互作用

답: 사회화, 교류

| 124 |

생산자

生 産 者

날 생 낳을 산 사람 자

문해력 쑥쑥 여러분은 주로 돈을 내고 물건을 사는 소비자이지요? 반대로 물건을 만드는 사람은 뭐라고 부를까요? 생(生)은 '나다, 낳다, 기르다'를, 산(産)은 '낳다, 나다, 생기다'를, 자(者)는 '사람'을 뜻해요. 생산자는 물건이나 상품을 **생산하는 사람, 생산에 종사하는 사람**을 의미해요. 생산자와 소비자가 있기 때문에 경제생활이 되는 것이지요.

" 농부는 농작물을 키우는 生産者입니다. "

" 지금은 소비자이지만 누구든 生産者가 될 수도 있어. "

실력 쑥쑥 QUIZ

Q. 다음 중 '생산자'의 반대말은?

① 제작자

② 저작자

③ 소비자

관련어 톡톡

중얼거리며 써 보기

生産者	生産者	生産者	

답: ③

125

수행
遂行
이룰 수 다닐 행

문해력 쑥쑥 '수행평가'라고 하면 어떤 모습이 떠오르나요? 친구들과 협력해서 또는 혼자서 어떤 행위를 하며 열심히 과제하는 모습이 떠오르지요? 수(遂)는 '이루다, 성취하다, 자라다'를, 행(行)은 '다니다, 가다, 행하다'를 뜻해요. 수행은 **생각하거나 계획한 대로 일을 해냄** 또는 **어떤 목표를 이루어 내는 것**을 의미해요.

" 이번 遂行평가에서 영호가 높은 점수를 받았어.
지난번 遂行평가 이후로 열심히 준비한 모양이야. "

실력 쑥쑥 QUIZ

Q. '수행'과 비슷한말에 모두 O표 하세요.

[실천 실행 결과 실시 미흡]

관련어 톡톡

중얼거리며 써 보기

遂行	遂行	遂行		

답: 실천, 실행, 실시

| 126 |

숙박

宿 泊

잘 숙 머무를 박

문해력 쑥쑥 수학여행을 가면 친구들과 다른 지역을 체험하고 함께 숙박하면서 재미있는 시간을 보내지요? 숙(宿)은 '자다, 묵다'를, 박(泊)은 '머무르다, 묵다, 배를 대다'를 뜻해요. 숙박은 **여관이나 호텔 따위에서 잠을 자고 머무름**, 즉 **숙소에서 밤을 보내는 활동**을 말하지요. 친구들과 숙박하며 늦게까지 노는 상상! 생각만 해도 즐겁지요?

" 가족 여행을 하며 특별한 펜션에서 宿泊을 했어요. "

" 다음에는 더 좋은 宿泊 시설에 묵으면서 여행하고 싶어. "

실력 쑥쑥 QUIZ

Q. 그동안 가족과 함께 여행한 곳 중에서 기억에 남는 '숙박' 시설이 있었는지 이야기해 봅시다.

관련어 톡톡

중얼거리며 써 보기

宿泊	宿泊	宿泊		

127

실현

實 現

열매 실 나타날 현

문해력 쑥쑥 우리가 열심히 공부하는 이유는 꿈을 실현하기 위해서가 아닐까요? 실(實)은 '열매, 재물'을, 현(現)은 '나타나다, 드러내다'를 뜻해요. 한자어를 그대로 풀면 '열매가 나타나다!'라니 뜻이 참 좋네요. 즉, 실현이란 **꿈이나 기대를 실제로 이룸, 실제로 나타나거나 이루어짐**을 의미합니다. 꿈을 실현하기 위해서는 노력이 필요하겠지요?

" 용철이는 교사가 되는 꿈을 實現했다. "

" 그는 인플루언서가 되는 목표를 實現하기 위해 노력하고 있어. "

실력 쑥쑥 QUIZ

Q. 여러분이 '실현'하고 싶은 꿈을 두 가지 적어 봅시다.

① ....

② ....

관련어 톡톡

중얼거리며 써 보기

實現	實現	實現		

128

어법

語 法

말씀 어 법 법

문해력 쑥쑥 "결코 즐거워.", "철수는 내일 과자를 먹었어." 어딘가 이상한 문장이지요? 어법에 맞지 않기 때문이에요. 어(語)는 '말씀, 말'을, 법(法)은 '법, 도리'를 뜻해요. 어법은 **말의 일정한 규칙이나 법칙**으로 **말을 정확하게 그리고 효과적으로 사용하기 위한 규칙**을 말하지요. 어법에 맞게 써야 좋은 글이 나오겠지요?

" 제이슨은 한국어를 배운 지 얼마 되지 않아서 語法에 맞지 않는 말을 할 때도 있어. 우리가 잘 알려 주자. "

실력 쑥쑥 QUIZ

Q. 다음 중 '어법'에 어긋난 문장은 무엇일까요?

① 어제 지각해서 선생님을 꾸중 들었어.
② 냉장고에 있는 아이스크림 먹어도 돼요?
③ 여름이 되니 해가 점점 길어진다.

관련어 톡톡

중얼거리며 써 보기

語法	語法	語法		

답: ①

| 129 |

연설
演 說
펼 연　말씀 설

문해력 쑥쑥 링컨 대통령의 연설, 정치인의 선거 연설, 졸업 연설! 연설은 일반적인 대화나 개인적인 말하기와 어떤 차이가 있을까요? 연(演)은 '펴다, 넓히다'를, 설(說)은 '말씀, 말, 이야기하다'를 뜻해요. 연설은 **여러 사람, 즉 대중 앞에서 자기의 주장이나 의견을 말하는 것**이지요. 유명인들의 연설을 찾아서 들어 볼까요?

“ 환경 운동가가 환경을 주제로 강렬한 演說을 하였다. ”

“ 새 리더의 演說을 들어 봅시다. ”

실력 쑥쑥 QUIZ

Q. 친구들 앞에서 '연설'해 본 경험이 있나요? 없다면 어떤 주제로 연설하고 싶은지 생각해 봅시다.

[예시] 스마트폰 사용을 줄여야 하는 이유.

관련어 톡톡

중얼거리며 써 보기

演說	演說	演說		

| 130 |

연인

戀 人

사모할 연 사람 인

문해력 쑥쑥 드라마나 영화, 소설이나 희곡을 보면 사랑하는 연인들의 이야기가 자주 등장하지요? 연(戀)은 '그리워하다, 사랑하다, 사모하다'를, 인(人)은 '사람, 인간'을 뜻해요. 연인은 **서로 사랑하여 사귀는 사람**, 즉 **서로 연애하는 관계에 있는 두 사람**을 의미해요. 서로 지지해 주며, 특별한 경험을 함께하는 연인! 참 아름답게 느껴지지요?

" 그 청년은 戀人에게 줄 예쁜 선물을 준비했다. "

" 내가 만나고 싶은 戀人의 이상형은 생각이 깊은 사람이야. "

실력 쑥쑥 QUIZ

Q. '연인'이라는 어휘가 들어간 노래 가사를 찾아서 제목과 가수를 적어 봅시다.

관련어 톡톡

중얼거리며 써 보기

戀 人	戀 人	戀 人		

| 131 |

요약

要 約

요긴할 요 맺을 약

문해력 쑥쑥 글의 내용을 정리하는 최고의 방법은 바로 요약입니다. 중요한 것을 선택하고 필요 없는 것을 삭제하는 것이지요. 요(要)는 '요긴하다, 중요하다, 모으다'를, 약(約)은 '맺다, 묶다'를 뜻해요. **중요한 것을 모은다는 의미**로, **말이나 글의 요점을 간추림**을 말하지요. 핵심 정보, 중요 내용을 잘 요약하면 국어 성적이 쑥쑥 오르리라 확신해요.

" 철수는 줄거리 要約을 참 잘해. "

" 용철 샘에게 要約 정리하는 법을 잘 배웠기 때문이지. "

실력 쑥쑥 QUIZ

Q. 최근에 신문이나 뉴스에 본 한 가지 사건을 떠올리고 육하원칙에 맞게 요약해 봅시다.

관련어 톡톡

중얼거리며 써 보기

要約	要約	要約		

132

용어

用 語

쓸 용 말씀 어

문해력 쑥쑥 코딩 용어 중에 알고 있는 것이 있나요? 수학 용어나 과학 용어는요? 용(用)은 '쓰다, 부리다'를, 어(語)는 '말, 말씀, 이야기'를 뜻해요. 용어는 **일정한 분야, 특정 주제에서 주로 사용하는 단어나 표현**을 의미해요. 어떤 분야의 용어를 잘 알아 두면 내용을 쉽게 이해하고 소통할 수 있는 장점이 있어요.

" 사회 시간에 배운 用語를 정리해서 사회 단어장을 만들었어요. "

" 교과서에 나오는 새로운 用語만 공부해도 문해력이 좋아진다. "

실력 쑥쑥 QUIZ

Q. 새롭게 알게 된 '용어'를 하나 골라 아래 형식에 맞게 적어 봅시다.

분야: ....

용어: ....

뜻: ....

관련어 톡톡

중얼거리며 써 보기

用語	用語	用語		

| 133 |

유래
由來
말미암을 유 올 래

문해력 쑥쑥 혹시 '난장판'이라는 말이 어디에서 유래했는지 알고 있나요? 많은 사람이 '시장'이라고 생각하지만, 실은 옛날 '과거 시험'을 볼 때 선비들이 질서 없이 뒤죽박죽 모인 모습에서 유래했습니다. 유(由)는 '말미암다, 에서부터'를, 래(來)는 '오다'를 뜻해요. 유래는 **사물, 일이 생겨난 바**, 즉 **생긴 내력**을 말합니다.

“ 관광 해설사가 이 유적의 이름이 어디에서 由來했는지 알려 주었어요. ”

실력 쑥쑥 QUIZ

Q. 우리 동네 이름의 '유래'를 찾아봅시다. 재미있고 의미 있는 내용이 있을지 몰라요.

관련어 톡톡

중얼거리며 써 보기

由來	由來	由來		

| 134 |

점차

漸 次

점점 점 버금 차

문해력 쑥쑥 무엇인가 조금씩 변화할 때 'ㅊㅊㅊㅊ'이라는 표현을 씁니다. 어떤 말일까요? 정답은 바로 아래에 나옵니다. 점(漸)은 '점점, 차츰'을, 차(次)는 '버금, 다음, 이어서'를 뜻해요. 점차는 **차례를 따라 진행됨**을 말합니다. **시간, 차례에 따라 조금씩**을 의미하는 상황에서 쓰여요. 비슷한말로 '차츰차츰, 점점, 차차' 등이 있어요.

" 봄이 오면서 漸次 기온이 올라가기 시작했어요. "

" 어휘 공부를 하니 漸次 국어 실력이 좋아지고 있습니다. "

실력 쑥쑥 QUIZ

Q. '점차'와 비슷한말에 모두 O표 하세요.

[차츰차츰 차차 조금씩 점점]

관련어 톡톡

중얼거리며 써 보기

漸次	漸次	漸次		

답: 모두

| 135 |

제안

提 案

끌 제 책상 안

문해력 쑥쑥 좋은 아이디어나 의견이 있으면 말하고 싶지요? 제(提)는 '끌다, 이끌다, 제시하다'를, 안(案)은 '책상, 생각, 안건'을 뜻해요. 제안은 **어떤 의견이나 생각을 안건으로 내어놓음**을 의미해요. 여러분이 **원하는 바를 이루기 위해 다른 사람에게 제시하는 의견**이지요. 건전하고 바람직한 제안은 세상을 변화시키는 힘이 됩니다.

" 시청에서 시민의 提案을 받는 게시판을 만들었다고 한다. "

" 우리 학교 학생들의 안전을 위한 방안을 더 提案하고 싶습니다. "

실력 쑥쑥 QUIZ

Q. 어린이, 청소년의 삶에 도움이 될 만한 제안을 해 봅시다(허황되고 불가능한 제안은 안 돼요!).

[예시] 장래희망과 관련된 멘토링 서비스.

관련어 톡톡

중얼거리며 써 보기

提案	提案	提案		

136

제출

提 出

끌 제 날 출

문해력 쑥쑥 '과제 제출, 보고서 제출'이라는 말을 들으면 마음이 급해지지요? 제(提)는 '끌다, 이끌다, 제시하다'를, 출(出)은 '나다, 내다, 내보내다'를 뜻해요. 제출은 **과제나 의견을 내어놓음, 의견이나 법안을 내는 것**을 의미합니다. 과제나 보고서는 정해진 기한에 맞게 잘 내는 것이 중요하겠지요?

" 회사에 입사하고 싶을 때는 이력서를 반드시 提出해야 한다고 해. "

" 동아리 신청서는 내일까지 提出합시다. "

실력 쑥쑥 QUIZ

Q. 초성 단서를 보고 빈칸에 들어갈 단어를 맞혀 봅시다.

[ㄱㅈ]나 [ㅇㄱ]을 내어놓음.

관련어 톡톡

중얼거리며 써 보기

提出	提出	提出		

답: 과제, 의견

| 137 |

조절

調 節

고를 조 마디 절

문해력 쑥쑥 음악을 크게 틀었어요. 부모님께서 볼륨을 조절하라고 하시네요. 살이 쪘어요. 의사 선생님께서 식단을 조절하라고 하시네요. 조(調)는 '고르다, 균형이 잡히다'를, 절(節)은 '마디, 예절, 항목'을 뜻해요. 조절은 **균형이 맞게 바로잡음** 또는 **적당하고 적절한 수준으로 맞추는 것**을 의미하지요. 감정, 행동, 양 등 여러 상황에서 쓸 수 있습니다.

" 공부할 때 눈이 피로하지 않으려면 조명의 밝기를 調節해야 해요. "

" 의자의 높이를 調節하니 훨씬 편하군. "

실력 쑥쑥 QUIZ

Q. '조절'과 결합할 수 있는 단어는 무엇이 있을까요? 두 개만 써 봅시다.

[예시] 온도 조절

① ....

② ....

관련어 톡톡

중얼거리며 써 보기

調節	調節	調節		

| 138 |

중대

重 大

무거울 중 　클 대

문해력 쑥쑥 여러분에게도 사소한 일이 있고 중요한 일이 있지요? 특히 더 중요한 경우에는 '중대'한 일이라고 합니다. 중(重)은 '무겁다, 소중하다'를, 대(大)는 '크다, 넓다'를 뜻해요. 중대는 **매우 중요하고 큼**, 즉 **가볍게 여길 수 없을 만큼 매우 중요한 경우**에 사용하는 말이에요. '중대한'이라는 형용사로 뒤에 말을 꾸며 주는 형태로 자주 쓰여요.

" 重大한 결정을 해야 하니, 신중하게 생각합시다. "

" 조만간 重大한 발표가 있을 예정이야. "

실력 쑥쑥 QUIZ

Q. 지금까지 살면서 가장 '중대'한 결정을 한 일은 무엇이었나요?

[예시] 돈을 모아 아이패드를 구입한 것.

관련어 톡톡

중얼거리며 써 보기

重大	重大	重大		

| 139 |

지출

支 出

지탱할 지　날 출

문해력 쑥쑥 용돈을 가장 많이 지출한 경험을 이야기해 볼까요? 지(支)는 '지탱하다, 버티다'를, 출(出)은 '나다, 나가다'를 뜻해요. 지출은 **돈을 쓰는 행위, 어떤 목적을 위하여 돈을 지급하는 일**을 의미해요. 우리가 물건을 사거나 서비스를 이용할 때 돈을 내는 모든 행위를 지출이라고 말하지요.

" 친구의 생일 선물을 사는 데 만 원을 支出했어요. "

" 식비 支出을 줄이기 위해서는 외식을 줄여야 해. "

실력 쑥쑥 QUIZ

Q. 매주 용돈을 어디에 '지출'하는지 생각해 보고 절약할 수 있는 곳이 있는지 써 봅시다.

주로 지출하는 곳: ....

절약할 수 있는 곳: ....

관련어 톡톡

중얼거리며 써 보기

支出	支出	支出		

| 140 |

출현

出 現

날 출　나타날 현

문해력 쑥쑥 UFO(미확인 비행 물체)가 출연했다? 출현했다? 어떤 단어가 맞을까요? 답은 출현입니다. 출(出)은 '나다, 드러내다, 내놓다'를, 현(現)은 '나타나다, 드러내다'를 뜻해요. 출현은 **나타나는 것, 나타나서 보이는 것**을 의미해요. 또한 **어떤 별이 가려졌다가 다시 나타나는 것**을 말하기도 해요.

" 새로운 천체가 出現하여 천문학자들이 연구하고 있다. "

" 역사적으로 고대 국가가 出現한 시기를 알아봅시다. "

실력 쑥쑥 QUIZ

Q. 초성 단서를 보고 빈칸에 들어갈 단어를 맞혀 봅시다.

어떤 [ㅂ]이 가려졌다가 다시 나타나는 것

관련어 톡톡

중얼거리며 써 보기

出現	出現	出現		

답:별

| 141 |

거대

巨 大

클 거 클 대

문해력 쑥쑥 요즘 출시되는 인공지능은 거대한 양의 데이터를 처리한다고 해요. 거(巨)는 '크다, 많다'를, 대(大)는 '크다, 높다, 많다'를 뜻해요. 거대는 **엄청나게 큼**을 의미하지요. 크기, 범위 등 다양한 상황에서 사용할 수 있어요. 주로 명사 앞에서 붙어서 거대한 ○○라는 형태로 사용됩니다.

" 피라미드는 인류가 만든 巨大한 구조물이다. "

" 저 산 위를 봐. 정말 巨大한 바위가 있구나. "

실력 쑥쑥 QUIZ

Q. '거대'와 비슷한말에 모두 O표 하세요.

[대형 대규모 소형]

관련어 톡톡

중얼거리며 써 보기

巨大	巨大	巨大		

답: 대형, 대규모

| 142 |

토의
討 議
칠 토 의논할 의

문해력 쑥쑥 교실 청소를 어떻게 할까? 잔반을 줄이기 위해 어떻게 할까? 토(討)는 '치다, 찾다, 탐구하다'를, 의(議)는 '의논하다, 의견'을 뜻해요. 토의는 **어떤 문제에 대하여 검토하고 협의함**을 의미합니다. 문제를 현명하게 해결하기 위해서는 서로 좋은 생각을 모으고 최적의 방안을 찾는 것이 무엇보다 중요하지요?

" 오늘 학급 회의 시간에는 청소 당번을 정하는 문제를 다같이 討議해 봅시다. "

실력 쑥쑥 QUIZ

Q. 요즘 가정에서 가족과 갈등을 빚는 문제가 있나요? 토의하고 싶은 주제를 생각해 봅시다.

[예시] 게임 시간 조절하기, 물 사용 줄이기 등.

관련어 톡톡

중얼거리며 써 보기

討議	討議	討議		

| 143 |

평등

平 等

평평할 평 **무리** 등

문해력 쑥쑥 특정 사람에게만 혜택을 준다면 어떤 일이 생길까요? 불평등한 사회가 되겠지요? 평(平)은 '평평하다, 고르다'를, 등(等)은 '무리, 등급, 가지런하다'를 뜻해요. 평등은 **권리, 의무, 자격이 차별이 없음**, 즉 **고르고 한결같음**을 의미하지요. 평등은 공정한 사회를 만드는 기본적인 원칙이라는 점을 기억하세요.

“ 우리는 교육받을 기회를 모두 平等하게 갖고 있다. ”

“ 자유와 平等은 우리가 추구해야 할 가치이다. ”

실력 쑥쑥 QUIZ

Q. 헌법을 보면 '평등권'에 관한 내용이 나옵니다. 헌법 제11조 1항을 찾아서 읽고 써 볼까요?

관련어 톡톡

중얼거리며 써 보기

平 等	平 等	平 等		

답: 모든 국민은 법 앞에 평등하다.

| 144 |

학습

學 習

배울 학 익힐 습

문해력 쑥쑥 공부의 또 다른 이름은 무엇일까요? 바로 학습입니다. 이 말 속에 놀랍게도 공부의 비밀이 들어 있어요. 학(學)은 '배우다, 학문'을, 습(習)은 '익히다, 되풀이하다'를 뜻해요. 학습은 **배워서 익힘**, 즉 **배움과 익힘**을 의미하지요. 공부를 잘하기 위해서는 제대로 배우고, 스스로 익혀야 한다는 것을 기억하세요.

"지금은 자율 學習 시간입니다."

"과학 시간에 새로운 용어를 學習했어요."

실력 쑥쑥 QUIZ

Q. '학습'을 잘하기 위한 조언을 읽어 봅시다.

- 교과서를 제대로 공부해야 해요.
- 선생님의 눈과 입을 주목해요.
- 배운 뒤 빠른 시간 내에 복습하세요.
- 최고의 암기 방법은 반복이에요.

관련어 톡톡

중얼거리며 써 보기

學 習 學 習 學 習

145

해답

解 答

풀 해 대답 답

문해력 쑥쑥 수학 문제집 맨 뒤를 보면 해답이나 풀이가 있지요? 해(解)는 '풀다, 풀이하다'를, 답(答)은 '답, 맞다'를 뜻해요. 해답은 **시험으로 출제된 문제의 답**을 말해요. 또한 **어떤 문제에 대한 해결 방안**을 말하기도 합니다. 해답은 수학 문제의 답부터 일상생활의 다양한 문제 등 다양한 상황에 필요할 수 있어요.

" 동네 주차 문제의 解答을 찾기 위해 회의를 했습니다.
모든 사람이 머리를 맞댄 덕분에 좋은 解答을 찾았어요. "

실력 쑥쑥 QUIZ

Q. '해답'과 비슷한말에 모두 O표 하세요.

[정답 해결 문제 답안 답]

관련어 톡톡

중얼거리며 써 보기

解答	解答	解答		

답: 정답, 해결, 답안, 답

| 146 |

환경

環 境

고리 환 지경 경

문해력 쑥쑥 우리 주변을 둘러싼 모든 것을 무엇이라고 하나요? 자연적인 것, 인공적인 것, 보이는 것, 보이지 않는 것을 모두 포함한 말, 바로 환경입니다. 환(環)은 '고리, 둘레'를, 경(境)은 '지경, 경계, 곳'을 말해요. 환경은 **생물의 삶이나 생활에 영향을 주는 자연적 조건이나 상태** 또는 **사람이 살아가는 데 영향을 주는 주위, 주변 조건**을 뜻하지요.

" 쾌적한 環境에서 공부하니 기분이 좋아요. "

" 맑은 물이 흐르는 강과 호수는 소중한 자연 環境입니다. "

실력 쑥쑥 QUIZ

Q. 자연환경과 인공 환경을 조사하고, 구분해서 적어 봅시다.

자연환경: ....

인공 환경: ....

관련어 톡톡

중얼거리며 써 보기

環境	環境	環境		

147

회복

回 復

돌아올 회 돌아올 복

문해력 쑥쑥 떨어진 명예를 되찾을 때, 체력을 원래 상태로 만들 때 쓰는 말이 바로 회복이지요? 회(回)는 '돌아오다, 돌이키다'를, 복(復)은 '회복하다, 돌아오다'를 뜻해요. 회복은 **원래의 상태로 돌이키고 되찾는 것**을 말하지요. 어려움을 겪고 다시 회복하기 위해서는 무리하지 말고 때로는 쉬면서 마음을 다잡아야 합니다.

" 감기에 걸렸다가 이제 모두 回復했어요. "

" 경기가 回復되는 중이라는 지표가 발표되고 있습니다. "

실력 쑥쑥 QUIZ

Q. 다음은 '회복'과 비슷한 의미를 가진 어휘들입니다. 각각의 의미를 국어사전에서 찾아봅시다.

복원: ....

만회: ....

복구: ....

관련어 톡톡

중얼거리며 써 보기

回復	回復	回復		

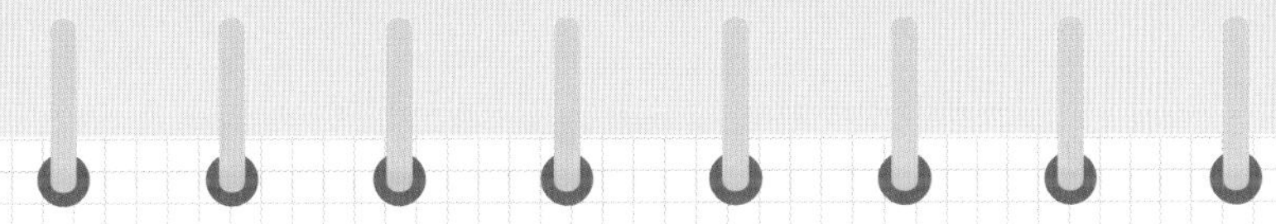

문해력으로 성장하는 우리 ⑤

지향 vs. 지양

문제집을 풀다가 '지향'과 '지양'이라는 말이 나왔어.
시험에 나올 것 같은데.......
성우야, 너 이게 무슨 뜻인지 알아?

아니, 잘 모르지만 괜찮아. 아마 다른 친구들도 모를걸?
공동체 정신을 기르기 위해 다 함께 모르는 것도 괜찮을 듯.

아무 생각 없이 넘어가면 어휘력은 전혀 늘지 않을 거야.
그런 생각은 '지양(止揚)'하고,
어휘력 향상을 '지향(志向)'해야지.

엇, 그게 무슨 말이야?

함께 생각하기

공부하거나 책을 읽을 때 어려운 어휘를 의도적으로 피한 적이 있나요? 어려운 어휘의 뜻을 알면 글을 읽을 때 또는 공부할 때 큰 도움이 된답니다. 물론 어떤 말들은 좀 더 쉽게 풀어서 사용하는 것이 좋지만, 꼭 필요한 용어들은 열심히 공부해야겠지요?

148

후반
後 半
뒤 후 반 반

문해력 쑥쑥 축구 경기는 전반전과 ○○ 전으로 나뉩니다. 고등학생은 10대 ○○ 입니다. 공통으로 들어갈 말은 무엇일까요? 후(後)는 '뒤, 늦다'를, 반(半)은 '반, 절반'을 뜻해요. 즉, 후반은 **전체를 반씩 둘로 나눈 것의 뒤쪽 반**을 의미하지요. 시간, 경기, 인생 등의 뒤의 절반을 뜻해요.

" 영화의 後半부에 재미있는 내용이 나올 예정입니다. "

" 그 어르신은 80대 後半에도 왕성한 활동을 하고 계셔. "

실력 쑥쑥 QUIZ

Q. '전반'과 '후반'이라는 말을 넣어서 문장을 하나 만들어 봅시다.

[예시] 인생은 전반이든 후반이든 모두 아름답다.

관련어 톡톡

중얼거리며 써 보기

後半	後半	後半		

| 149 |

가상
假 想
거짓 가 생각 상

문해력 쑥쑥 인공지능이 점점 발달하면서 가상현실도 실제와 구분할 수 없을 만큼 정교해졌죠? 가(假)는 '거짓, 가짜, 임시'를, 상(想)은 '생각, 사색'을 뜻해요. 가상은 **사실이 아니거나 확실하지 않은 것을 실제라고 상상하는 것**을 의미하지요. 비슷한말로 '허상, 가정'이라는 말이 있어요. 가상현실이 너무 재미있어도 그 안에만 갇혀 있으면 안 됩니다.

" 현실과 假想을 혼동하면 안 됩니다.
假想은 실체가 없는 것이 실제처럼 보이는 속성이 있거든요. "

실력 쑥쑥 QUIZ

Q. '가상'현실 세상에 내 아바타를 가지고 있나요? 나만의 아바타를 만든다면 어떤 모습을 만들고 싶은지 생각해 봅시다.

관련어 톡톡

중얼거리며 써 보기

假想	假想	假想		

| 150 |

감염

感染

느낄 감 물들 염

문해력 쑥쑥 컴퓨터 바이러스 감염, 병원의 세균 감염! 듣기만 해도 무섭네요. 감(感)은 '느끼다, 감응하다, 닿다'를, 염(染)은 '물들이다, 적시다, 옮다'를 뜻해요. 감염은 **병균, 병이 사람이나 동식물의 몸 안에 침입하여 퍼지는 것**을 말하지요. **나쁜 버릇, 생각이 영향을 주어 물든다**는 뜻도 있어요. 컴퓨터 바이러스와 관련해 사용되기도 해요.

" 感染 예방을 위해 백신 접종을 합시다. "

" 컴퓨터가 바이러스에 感染되면 데이터를 모두 잃을 수도 있어. "

실력 쑥쑥 QUIZ

Q. '감염'과 비슷한말에 모두 O표 하세요.

[전염 침투 예방]

관련어 톡톡

중얼거리며 써 보기

感染	感染	感染		

답: 전염, 침투

| 151 |

개발

開 發

열 개 필 발

문해력 쑥쑥 소질 개발, 적성 개발! 우리는 개발이라는 말을 자주 듣습니다. 개(開)는 '열다, 열리다, 깨우치다'를, 발(發)은 '쏘다, 피다, 일어나다'를 뜻해요. 개발은 뜻이 매우 다양해요. **토지, 천연자원을 유용하게 만들거나 지식이나 재능을 발달하게 할 때** 사용할 수 있어요. **새로운 것을 만들어 냄**, 또는 **산업, 경제를 발전하게 함**이라는 의미도 있어요.

“ 친환경 에너지를 開發하는 데 집중해야 합니다. ”

“ 자신의 능력을 開發하기 위해 열심히 노력해야 해요. ”

실력 쑥쑥 QUIZ

Q. '개발'은 여러 상황에서 쓸 수 있는 어휘입니다. 국어사전을 찾아서 뜻과 예문을 살펴봅시다.

뜻: ....

예문: ....

관련어 톡톡

중얼거리며 써 보기

開發	開發	開發		

152

개최
開 催
열 개 재촉할 최

문해력 쑥쑥 박람회 ○○, 올림픽 ○○, 회담 ○○! 공통적으로 들어갈 말은 무엇일까요? 바로 개최입니다. 개(開)는 '열다, 피다, 시작하다', 최(催)는 '재촉하다, 일어나다, 열다'를 뜻해요. 개최는 **모임이나 회의를 주장하고 기획하여 여는 것**을 말해요. 비슷한말로 '주최'가 있어요.

" 와, 5월에 체육대회를 開催한다고 해. 재밌겠다! "

" 도서관에서 독서 토론 대회를 開催합니다. "

실력 쑥쑥 QUIZ

Q. 학교에서 '개최'하고 싶은 대회가 있나요? '개최'라는 어휘를 넣어 새로운 대회를 만들어 봅시다.

[예시] 인공지능 로봇 대회를 개최하고 싶다.

관련어 톡톡

중얼거리며 써 보기

開催	開催	開催		

| 153 |

견해

見 解

볼견 풀해

문해력 쑥쑥 '생각'이라는 우리말을 한자어로 바꾸면 매우 다양한 단어가 나와요. 그중의 하나가 바로 견해입니다. 견(見)은 '보다, 생각하다, 나타나다'를, 해(解)는 '풀다, 깨닫다'를 뜻해요. 견해는 **어떤 물건, 사물, 현상에 대한 자기의 의견, 생각**을 의미해요. 늘 자신만의 견해가 있는 주관이 뚜렷한 사람이 되어야겠지요?

" 이 문제에 대한 자신의 見解를 밝혀 보자. "

" 見解 차이가 생겼을 때일수록 잘 소통해야 합니다. "

실력 쑥쑥 QUIZ

Q. '견해'와 비슷한말에 모두 O표 하세요.

[생각 의견 비판 의사 반대]

관련어 톡톡

중얼거리며 써 보기

見解	見解	見解		

답: 생각, 의견, 의사

| 154 |

고유어

固 有 語

굳을 고 있을 유 말씀 어

문해력 쑥쑥 '아름답다, 봄, 하늘, 사랑' 이런 말의 공통점은 무엇일까요? 정답은 바로 고유어입니다. 고(固)는 '굳다, 단단하다'를, 유(有)는 '있다, 존재하다'를, 어(語)는 '말, 말씀'을 뜻해요. 고유어는 **본디부터 있던 말, 이런 말을 기초로 새로 만든 말**을 의미하지요. 어떻게 보면 나라의 역사와 함께 발달한 고유의 말이라고 할 수 있어요.

" 우리나라 말에는 固有語, 한자어, 외래어가 있다.
그중에서 固有語에는 특유의 아름다움이 담겨 있다. "

실력 쑥쑥 QUIZ

Q. 계절과 관련 있는 '고유어'를 다섯 개만 작성해 봅시다.

관련어 톡톡

중얼거리며 써 보기

固有語	固有語	固有語	

| 155 |

공동체

共 同 體

한가지 공 한가지 동 몸 체

문해력 쑥쑥 요즘은 누군가와 함께하는 활동이 많아졌어요. 그래서인지 공동체라는 말도 자주 등장합니다. 지역 공동체, 학교 공동체 등. 공(共)은 '한가지, 함께, 함께하다'를, 동(同)은 '한가지, 같게, 함께, 다 같이'를, 체(體)는 '몸, 모양, 형상'을 뜻해요. 공동체는 **생활, 행동을 같이하는 집단으로 목적이 같은 두 사람 이상이 모인 조직**을 의미해요.

" 함께하는 학급 활동은 共同體 의식을 키워 줍니다. "

" 이 共同體 덕분에 좋은 친구를 많이 사귀게 되었어요. "

실력 쑥쑥 QUIZ

Q. '공동체'와 비슷한말이 <u>아닌</u> 것은?

① 집단

② 사회

③ 단락

④ 커뮤니티

관련어 톡톡

중얼거리며 써 보기

共同體	共同體	共同體	

답: ③

156

공존
共 存
한가지 공 있을 존

문해력 쑥쑥 환경문제가 점점 심해지고 있지요? 이럴 때일수록 자연과 인간이 공존하는 방법을 찾아야 해요. 공(共)은 '한가지, 함께, 같이'를, 존(存)은 '있다, 살아 있다, 보존하다'를 뜻해요. 공존은 **서로 도와서 함께 존재함**을 의미합니다. **두 가지 이상의 사물, 현상이 함께 있는 것**을 말하기도 하지요.

" 전통적인 문화와 현대적인 방식이 共存하는 시대입니다. "

" 다양한 문화가 共存하는 사회, 그것이 진정한 다문화입니다. "

실력 쑥쑥 QUIZ

Q. 초성 단서를 보고 빈칸에 들어갈 단어를 맞혀 봅시다.

공존은 서로 도와서 [ㅎㄲ] 존재함을 말한다.

관련어 톡톡

중얼거리며 써 보기

共存	共存	共存		

답: 함께

| 157 |

권력

權 力

권세 권 힘 력

문해력 쑥쑥 권력이라고 하면 어떤 느낌이 드나요? 강하고 센 느낌이 들지 않나요? 권(權)은 '권력, 권한, 권세'를, 력(力)은 '힘, 힘쓰다'를 뜻해요. 권력은 **남을 지배하는 힘**을 의미해요. 중요한 것은 **남을 복종시키는 공인된 힘 또는 국가가 국민에 대해 가지는 강제적인 힘**이라는 것이지요. 그러니 당연히 남용해서는 안 되겠지요?

“ 權力 다툼이 일어나면 사회가 혼란해진다. ”

“ 국가 權力의 균형을 맞추기 위해 정부, 국회, 법원이 있어요. ”

실력 쑥쑥 QUIZ

Q. 나쁜 사람에게 '권력'이 돌아가면 사회가 혼란해져요. 권력을 가져서는 안 되는 사람은 누구일까요? 역사에서 살펴봅시다.

관련어 톡톡

중얼거리며 써 보기

權力	權力	權力		

| 158 |

기부
寄 附
부칠 기 붙을 부

문해력 쑥쑥 불우이웃 돕기 성금을 내 본 적이 있나요? 남을 위해 기부해 본 적이 있나요? 기(寄)는 '부치다, 주다, 보내다'를, 부(附)는 '붙다, 보태다, 더하다'를 뜻해요. 기부는 **사회적 약자를 돕는 일, 공공사업을 돕기 위해 돈, 물건을 내놓는 것**을 의미해요. **대가 없이 돈, 물건을 제공하는 것**을 말하지요.

" 학급 친구들과 돈을 모아서 자선단체에 寄附했어요.
寄附를 하고 나니 기분이 좋아졌어요. "

실력 쑥쑥 QUIZ

Q. 친구, 가족과 함께 '기부'한 경험에 대해 이야기를 나누어 봅시다.

관련어 톡톡

중얼거리며 써 보기

寄附	寄附	寄附		

| 159 |

기존
既 存
이미 기 있을 존

문해력 쑥쑥 기존에 사용하던 물건이 망가지면 새로운 물건으로 바꿔야겠지요? 국어 성적이 잘 오르지 않으며 기존에 했던 어휘 공부법을 바꿔야 하고요. 기(旣)는 '이미, 벌써, 이전에'를, 존(存)은 '있다, 보존하다'를 뜻해요. 기존은 **이미 존재함**을 의미합니다. 기존 시설, 기존 제품, 기존 세력 등에 활용할 수 있답니다.

" 이 문제는 既存의 방법으로는 해결할 수 없습니다. "

" 신제품은 既存에 사용하던 제품보다 성능이 훨씬 더 좋아. "

실력 쑥쑥 QUIZ

Q. 가지고 있는 물건 중에 바꾸고 싶은 것이 있나요? '기존'이라는 단어를 넣어 이야기해 봅시다.

[예시] 기존에 쓰던 필통을 더 큰 걸로 바꾸고 싶다.

관련어 톡톡

중얼거리며 써 보기

既存	既存	既存		

| 160 |

논쟁

論 争

논할 논 다툴 쟁

문해력 쑥쑥 토론에서 학생들이 열심히 ○○하고 있습니다. 싸움, 갈등? 답은 논쟁입니다. 논(論)은 '논하다, 논의하다, 따지다'를, 쟁(争)은 '다투다, 결판을 내다, 다툼'을 뜻해요. 논쟁은 **서로 다른 견해, 생각을 가진 사람들이 옳고 그름을 따지는 것**을 의미하지요. **말이나 글로 서로 생각을 겨루고 다투는 것**도 논쟁에 포함됩니다.

" 토론 대회에서 양측이 열띤 論争을 벌였다. "

" 과학 이론에 대해 전문가들의 論争이 있었다. "

실력 쑥쑥 QUIZ

Q. '논쟁'과 비슷한말에 모두 O표 하세요.

[논란 갑론을박 화해 말다툼 협상]

관련어 톡톡

중얼거리며 써 보기

답: 논란, 갑론을박, 말다툼

| 161 |

대조

對照

대할 대 비칠 조

문해력 쑥쑥 하나, 서류를 대조하다. 둘, 두 학생의 성격이 대조되다. '대조'가 다른 의미로 사용된 것 같지요? 대(對)는 '대하다, 마주하다, 맞추어 보다'를, 조(照)는 '비치다, 비추다, 견주어 보다'를 뜻해요. 대조에는 **둘 이상을 맞대어 봄, 서로 달라서 대비가 됨**이라는 두 가지 의미가 있어요. 문장을 읽으면서 어떤 의미로 쓰였는지 잘 구분해야 해요.

" 이 자료와 저 자료를 서로 살피면서 對照해 보자. "

" 그림의 밝은색과 어두운색이 선명한 對照를 보인다. "

실력 쑥쑥 QUIZ

Q. 우리 주변에 색, 밝기, 성격 등 선명하게 '대조'되는 것은 무엇이 있는지 살펴봅시다.

[예시] 쌍둥이 동생과 나는 성격이 대조적이다.

관련어 톡톡

중얼거리며 써 보기

對照	對照	對照		

| 162 |

대책

對 策

대할 대 꾀 책

문해력 쑥쑥 무슨 일이 생겼을 때, 가장 먼저 ○○을 세워야겠지요? '대책, 대응책, 방안, 방책, 조치, 해결책, 대안'은 모두 비슷한말이에요. 대(對)는 '대하다, 대답하다'를, 책(策)은 '꾀, 계책'을 뜻해요. 대책은 **어떤 일에 대처할 계획이나 수단**을 의미해요. 역사적으로는 조선 시대에 과거 시험 과목의 이름이기도 했답니다.

" 이번 홍수 사태에 대한 근본적인 對策이 필요합니다.
예상치 못한 천재지변을 대비하는 對策을 미리 세우도록 합시다. "

실력 쑥쑥 QUIZ

Q. '대책'과 비슷한말에 모두 O표 하세요.

[원인 대응책 방안 방책 문제]

관련어 톡톡

중얼거리며 써 보기

對策	對策	對策		

답: 대응책, 방안, 방책

| 163 |

만원
滿員
찰 만 인원 원

문해력 쑥쑥 '만원'이라고 하면 초록색 지폐가 떠오르나요? 그럴 때는 돈의 단위라서 '만 원'이라고 띄어 써야 해요. 여기에서의 만원은 어딘가에 사람이 가득할 때 쓰는 말이지요. 만(滿)은 '차다, 가득 차 있다, 꽉 채우다'를, 원(員)은 '인원, 수효'를 뜻해요. 즉, **인원이 다 참** 또는 **사람이 매우 많은 상태**를 의미하지요.

“滿員 버스를 타고 등교해야 한다니, 우울해.”

“시험 기간이라서 그런지 도서관이 滿員이네.”

실력 쑥쑥 QUIZ

Q. 최근에 이용해 본 시설이나 교통수단이 '만원'이 되었던 경험을 말해 봅시다.

관련어 톡톡

중얼거리며 써 보기

滿員	滿員	滿員		

| 164 |

문항

問 項

물을 문 항목 항

문해력 쑥쑥 문제집을 풀거나 시험을 볼 때, 문항이라는 말이 자주 나옵니다. 문(問)은 '묻다, 물음, 질문'을, 항(項)은 '항목'을 뜻해요. 즉, 문항은 **문제의 항목으로 시험, 설문에서 하나하나의 문제**를 말하지요. 문항과 비슷한말로 '항목'이라는 말도 있어요. 한 문항씩 차분하게 도전해서 풀면 마지막까지 잘 풀 수 있겠지요?

" 선생님, 국어 과목은 몇 問項인가요? "

" 이번에는 총 30 問項을 출제했어요. "

실력 쑥쑥 QUIZ

Q. 그동안 봤던 시험은 보통 한 시간에 몇 '문항' 정도가 출제되었는지 떠올려 봅시다.

관련어 톡톡

중얼거리며 써 보기

問項	問項	問項		

| 165 |

반박

反 駁

돌이킬 반 논박할 박

문해력 쑥쑥 토론의 묘미는 상대방의 근거에 대한 반박이 아닐까요? 반(反)은 '되돌리다, 돌아오다, 뒤집다'를, 박(駁)은 '어긋나다, 논박하다'를 뜻해요. 반박은 다른 사람의 **의견, 주장에 반대하여 논박하는 것**을 의미하지요. 토론할 때는 감정적으로 반박하지 말고, 타당하고 객관적인 내용으로 반박해야 합니다.

" 우리 모둠은 상대방의 의견에 타당한 근거로 反駁했다. "

" 여러분! 그 주장에 대해 反駁하는 성명을 발표합시다. "

실력 쑥쑥 QUIZ

Q. '반박'과 비슷한말이 아닌 것은?

① 반론

② 논박

③ 반문

④ 수긍

관련어 톡톡

중얼거리며 써 보기

反駁	反駁	反駁		

답: ④

| 166 |

발상

發 想

필 발 생각 상

문해력 쑥쑥 그림을 그릴 때, 글을 쓸 때는 새로운 생각을 하는 것이 매우 중요해요. 발(發)은 '피다, 쏘다, 일어나다'를, 상(想)은 '생각, 생각하다'를 뜻해요. 발상은 **새로운 생각을 함, 어떤 생각을 해냄**을 의미해요. 창의력이 필요한 일에서는 상상력을 발휘하고, 새로운 관점에서 생각해야 좋은 발상이 나올 수 있어요.

" 發想의 전환 덕분에 이와 같은 발명품이 탄생했어요. "

" 남자와 여자를 차별하는 시대착오적인 發想을 하다니, 안타깝군요. "

실력 쑥쑥 QUIZ

Q. 요즘 일상생활에서 불편함이 있다면 어떤 창의적인 '발상'으로 해결할 수 있을지 생각해 봅시다.

불편한 점: ....

개선책: ....

관련어 톡톡

중얼거리며 써 보기

發想	發想	發想		

| 167 |

백분율
百分率
일백 백 나눌 분 비율 율

문해력 쑥쑥 퍼센트, 프로를 의미하는 우리말이 바로 백분율입니다. 백(百)은 '일백, 백 번'을, 분(分)은 '나누다, 구별하다'를, 율(率)은 '비율'을 뜻해요. 백분율은 **전체 수량을 100으로 나눈 가운데 그에 대한 비율**을 의미해요. 주로 비율을 표현할 때 사용하며, %(퍼센트)와 같은 기호를 사용해요.

" 40퍼센트는 100명 중 40명에 해당하는 百分率을 의미해요. "

" 중학교 성적은 百分率로 나눈 등급으로 표시한다. "

실력 쑥쑥 QUIZ

Q. 초성 단서를 보고 '백분율'과 비슷한말을 쓰세요.

ㅍㅅㅌ

관련어 톡톡

중얼거리며 써 보기

百分率	百分率	百分率	

답: 퍼센트

| 168 |

지향
志 向
뜻 지 향할 향

문해력 쑥쑥 우리는 평화로운 세계를 지향하지요? 밝은 미래도 지향합니다. 지(志)는 '뜻, 마음, 감정'을, 향(向)은 '향하다, 나아가다'를 뜻해요. 지향은 **어떤 목표로 뜻이 향함**을 의미하지요. 여러분이 원하는 지향점이 있다면 목표를 이루기 위해 한 걸음씩 나아가기를 기대합니다.

" 우리 학교는 학생들이 행복하게 공부하는 교육을 志向합니다. "

" 높은 목표를 志向하는 사람일수록 성공할 가능성이 높아. "

실력 쑥쑥 QUIZ

Q. 여러분이 이루고 싶은 목표나 '지향점'을 두 개만 적어 봅시다(공부, 운동, 악기, 직업 등).

① ....

② ....

관련어 톡톡

중얼거리며 써 보기

志向	志向	志向		

| 169 |

산업화

産 業 化

낳을 산 업 업 될 화

문해력 쑥쑥 산(産)은 '낳다, 생산하다'를, 업(業)은 '사업, 일'을, 화(化)는 '되다, 모양이 바뀌다'를 뜻해요. **농업 또는 손이나 간단한 도구로 하는 수공업에서 물건을 대량으로 만드는 제조업과 공업, 건축을 하는 건설업 등으로 변화하는 것**을 산업화라고 해요. 앞으로 미래의 산업은 어떻게 될까요?

" 산업혁명으로 産業化의 물결이 전 세계로 퍼졌습니다.
그 덕분에 기술이 급속도로 발전했어요. "

실력 쑥쑥 QUIZ

Q. 우리나라에서 발달한 산업의 종류를 검색해 봅시다.

관련어 톡톡

중얼거리며 써 보기

産業化	産業化	産業化	

| 170 |

서술
敍 述
차례 서 펼 술

문해력 쑥쑥 생각이나 마음을 글로 써 볼까요? 어떻게 서술할지 궁금하네요. 서(敍)는 '차례, 늘어서다'를, 술(述)은 '짓다, 말하다'를 뜻해요. 서술은 **사건, 생각, 의견을 차례대로 말하거나 적음**을 의미합니다. 정보를 전달하거나 이야기하거나 사건을 설명할 때 사용하지요. 시험에서 서술형 문제가 나오더라도 당황하지 말고 잘 풀어 보세요.

" 역사 선생님께서 사건을 시간 순서대로 자세히 敍述해 주셨습니다. "

" 이 책에는 여행자의 경험이 생생하게 敍述되어 있어요. "

실력 쑥쑥 QUIZ

Q. 오늘 있었던 기억에 남는 사건을 세 줄 일기로 '서술'해 봅시다.

관련어 톡톡

중얼거리며 써 보기

敍述	敍述	敍述		

171

분석

分 析

나눌 분 쪼갤 석

문해력 쑥쑥 원인을 분석하다, 성적을 분석하다, 데이터를 분석하다! 분(分)은 '나누다, 나누어지다'를, 석(析)은 '쪼개다, 가르다'를 뜻해요. 분석은 **복잡한 것, 얽혀 있는 것을 풀어서 개별적인 것으로 나누는 것**을 의미해요. 왠지 작은 부분으로 나누어 자세히 조사하고 이해하는 느낌이 드네요. 반대말로 '종합'이 있답니다.

" 성적이 오른 원인을 分析해 보니,
어휘력이 좋아졌기 때문이더라고. 정말 대단해! "

실력 쑥쑥 QUIZ

Q. 설명문에서 배우는 '분석'은 하위 요소로 구체적으로 나누는 것이지요. 소설을 구성하는 3요소는 무엇일까요?

[______, ______, ______]

관련어 톡톡

중얼거리며 써 보기

分 析	分 析	分 析		

답: 인물, 사건, 배경

| 172 |

선호

選 好

가릴 선 좋을 호

문해력 쑥쑥 한식, 일식, 양식 중에서 선호하는 식사 유형은? 댄스 음악과 록 음악 중에서 선호하는 음악은? 선(選)은 '가리다, 가려 뽑다'를, 호(好)는 '좋다, 좋아하다'를 뜻해요. 선호는 **여럿 중에서 어떤 것을 특별히 좋아함**을 의미해요. **다른 것보다 더 좋아하는 것, 선택하는 것**을 말하는 것이지요.

" 초콜릿 아이스크림보다 바닐라 아이스크림을 選好해요. "

" 저는 실내 활동보다 야외 활동을 選好해요. "

실력 쑥쑥 QUIZ

Q. 가장 좋아하는 최애 물건, 음식, 사람을 적어 봅시다.

물건: ....

음식: ....

사람: ....

관련어 톡톡

중얼거리며 써 보기

選好	選好	選好		

| 173 |

실용적

實用的

열매 실 쓸 용 과녁 적

문해력 쑥쑥 여러분이 가진 물건 또는 가족들이 사용하는 물건 중에 가장 실용적인 것은 무엇인가요? 실(實)은 '열매, 차다, 익다'를, 용(用)은 '쓰다, 부리다'를, 적(的)은 '과녁, ~의'를 뜻해요. 실용적은 **실제로 쓰기에 알맞은 것** 또는 **실생활에 쓰이는 것**을 의미해요. 비슷한말로 '실리적, 실질적, 경제적'이 있어요.

" 이 옷은 가격에 비해 實用的인 면을 갖추고 있어요. "

" 이 볼펜은 세 가지 색이 함께 있어서 정말 實用的이야. "

실력 쑥쑥 QUIZ

Q. '실용적'과 비슷한말에 모두 O표 하세요.

[소비적 실리적 기능적 표면적 경제적]

관련어 톡톡

중얼거리며 써 보기

實用的	實用的	實用的	

답: 실리적, 기능적, 경제적

| 174 |

용액

溶 液

녹을 용 진 액

문해력 쑥쑥 과학실에는 여러 가지 용액이 있지요. 용액으로 실험할 때는 위험한 일이 생기지 않게 각별히 유의해야 해요. 용(溶)은 '녹다, 흔들다'를, 액(液)은 '진, 즙'을 뜻해요. 용액은 **두 가지 이상의 물질이 섞인 액체** 또는 **한 물질이 다른 물질에 녹아 있는 상태**를 말하지요. 과학 시간에 자주 듣겠지만, 일상생활에서도 사용한답니다.

" 환경 체험 시간에 몸에 해롭지 않은 친환경 溶液을 만들었어요. "

" 어떤 溶液은 잘못 섞이면 폭발할 수도 있어요. "

실력 쑥쑥 QUIZ

Q. '용액'과 관련이 있는 '용매'라는 말을 사전에서 검색해 뜻을 살펴봅시다.

관련어 톡톡

중얼거리며 써 보기

溶液	溶液	溶液		

| 175 |

위상
位 相
자리 위 서로 상

문해력 쑥쑥 몇 십 년 전만 해도 한국을 잘 모르는 외국인이 많았지만 지금은 K문화를 좋아하는 외국인이 많아졌어요. 한국의 위상이 점점 올라갔다는 의미겠지요? 위(位)는 '자리, 위치'를, 상(相)은 '서로, 바탕, 모양'을 뜻해요. 위상은 **위치나 상태**라고 할 수 있지요. 즉, **어떤 사물, 사람이 관계나 상황에서 가지는 위치나 상태**를 말합니다.

" 이번 올림픽 개최로 한국의 位相이 올라갔어요. "

" 교육의 位相을 높인 공로로 상을 받았습니다. "

실력 쑥쑥 QUIZ

Q. 초성 단서를 보고 빈칸에 들어갈 단어를 맞혀 봅시다.

위상은 어떤 사물, 사람이 관계나 상황에서 가지는 [ㅇㅊ]나 [ㅅㅌ]이다.

관련어 톡톡

중얼거리며 써 보기

位相	位相	位相		

답: 위치, 상태

| 176 |

유형

類 型

무리 유(류) **모형** 형

문해력 쑥쑥 여러 유형의 운동, 영화, 요리, 음악, 도서, 작품, 글쓰기! 유형은 활용도가 높은 어휘네요. 유(類)는 '무리, 동류, 온갖 것'을, 형(型)은 '모형'을 뜻해요. 유형은 **공통적인 성질, 특성을 가진 것을 묶는 틀**을 말하지요. 즉, **특징이 공통적인 것들을 묶는 기준**이라고 보면 되겠어요.

" 시험의 類型에는 선택형과 서술형이 있다. "

" 와! 다양한 類型의 음식 재료가 있구나. "

실력 쑥쑥 QUIZ

Q. '유형'과 비슷한말에 모두 O표 하세요.

[종류 갈래 자율 범주]

관련어 톡톡

중얼거리며 써 보기

類型	類型	類型		

답: 종류, 갈래, 범주

| 177 |

응용
應 用
응할 응 쓸 용

문해력 쑥쑥 체육 시간에 기본 동작을 배우고 나면 응용 동작을 배우지요? 수학 공식을 배우고 응용 문제를 푼 적이 있나요? 응(應)은 '응하다, 받다'를, 용(用)은 '쓰다, 부리다, 일하다'를 뜻해요. 응용은 **이론이나 지식을 구체적인 사례나 다른 분야에 실제로 적용하고 이용함**을 말합니다. 응용을 많이 하다 보면 실전 문제를 해결하기 쉬워져요.

" 음악 이론을 應用하여 노래를 만들었다. "

" 應用력이 높은 사람은 다양한 문제를 잘 해결한다. "

실력 쑥쑥 QUIZ

Q. 문제가 해결되지 않을 때, 다른 이론을 '응용'해 해결한 적이 있나요? 자신의 경험을 써 봅시다.

관련어 톡톡

중얼거리며 써 보기

應用	應用	應用		

| 178 |

의논

議 論

의논할 의 논할 논(론)

문해력 쑥쑥 어려운 일이 있을 때 어떻게 하나요? ① 혼자 해결, ② 다른 사람과 의논, ③ 포기 등……. 의(議)는 '의논하다, 문의하다'를, 논(論)은 '논하다, 서술하다, 말하다'를 뜻해요. 의논은 **어떤 일이나 문제에 대하여 서로 의견을 주고받음**을 의미하지요. 의논하다 보면 슬기로운 해결 방안이 도출되기도 한답니다.

" 가족들과 여행 계획에 대해 議論했어요. "

" 모둠 활동의 주제를 친구들과 議論했다. "

실력 쑥쑥 QUIZ

Q. 최근에 토의, 의논, 회의, 상의를 했던 경험을 짧게 작성해 봅시다.

관련어 톡톡

중얼거리며 써 보기

議論	議論	議論		

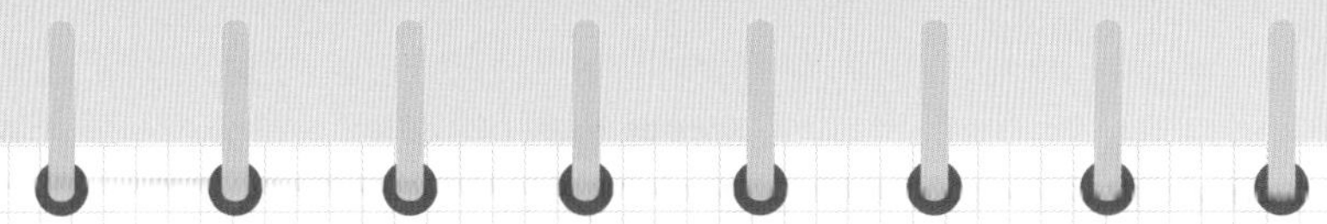

문해력으로 성장하는 우리 ⑥

문해력과 AI

문성우

AI에 어휘력을 키워야 하는 이유를 물어 볼까?

1. **의사소통 능력 향상**: 풍부한 어휘력은 생각이나 감정을 보다 명확하고 정확하게 표현할 수 있게 도와줍니다. 이는 일상 대화는 물론, 학업이나 직장에서의 커뮤니케이션에서도 큰 이점을 제공합니다.

2. **학습 능력 증진**: 어휘력이 좋으면 새로운 정보를 이해하고 기억하는 데 도움이 됩니다. 어려운 텍스트나 전문적인 자료를 읽을 때도 용어를 쉽게 파악하여 학습 효율을 높일 수 있습니다.

3. **읽기와 쓰기 능력 강화**: 다양한 단어를 알고 있으면 읽기 속도와 이해력이 향상되며, 쓰기에서도 보다 풍부하고 설득력 있는 텍스트를 작성할 수 있습니다.

4. **자신감 증진**: 어휘력이 풍부하면 새로운 상황이나 도전에 더 자신감을 가지고 임할 수 있습니다. 이는 언어를 사용하는 모든 상황에서 자신의 의견을 효과적으로 표현할 수 있음을 의미합니다.

5. **문화적 지식 확대**: 언어는 문화와 깊은 관련이 있습니다. 다양한 단어와 표현을 배우는 것은 해당 언어의 문화, 역사, 가치를 더 깊이 이해하게 해 줍니다.

출처: chatGPT-4(2024년 7월 기준) prompt: '어휘력을 키워야 하는 이유'

함께 생각하기

AI도 어휘력에 대해 관심이 많은 듯하네요. 'AI에 어휘력을 키워야 하는 이유'를 물었더니 어휘력 공부의 장점으로 생각과 마음의 표현, 의사소통 및 자신감 향상, 공부 도움, 교양 등을 뽑았어요. 지금까지 쌓인 수많은 데이터가 어휘력과 문해력의 중요성을 강조하고 있는 셈이에요.

| 179 |

임금

賃 金

품삯 임 쇠 금

문해력 쑥쑥 옛날 옛적 동화에 나오는 임금님 말고 또 다른 임금이 있어요. 이 임금은 경제 분야와 관련이 있지요. 임(賃)은 '품삯, 품팔이, 고용되다'를, 금(金)은 '쇠, 금, 돈'을 뜻해요. 임금은 **노동을 하고 받는 보수, 봉급**을 의미합니다. 쉽게 말하면 **일한 대가**이지요. 열심히 일한 땀과 노력의 대가를 받는 것이라고 생각하면 되겠어요.

" 賃金 인상은 모든 노동자의 꿈이야. "

" 그래서 올해의 최저 賃金은 얼마로 정해졌어? "

실력 쑥쑥 QUIZ

Q. 올해의 최저 '임금'을 조사해서 써 봅시다.

관련어 톡톡

중얼거리며 써 보기

賃金	賃金	賃金		

| 180 |

장수
長 壽
길 장 목숨 수

문해력 쑥쑥 오래 사는 것은 모든 생명체의 꿈이겠지요? 그래서 의학 프로그램을 보면 '장수'라는 말이 자주 등장해요. 전쟁에 나가는 장수가 아닙니다! 장(長)은 '길다, 나아가다'를, 수(壽)는 '목숨, 수명'을 뜻해요. 즉, 장수는 **오래도록 삶, 오래 삶**을 의미합니다. 우리 모두 건강하게, 행복하게 오래오래 살기 위해 노력합시다.

" 꾸준한 운동과 규칙적인 식단은 長壽의 필수 요소입니다. "

" 조부모님과 부모님의 長壽를 기원합니다. "

실력 쑥쑥 QUIZ

Q. 다음은 '장수'와 비슷한 의미가 있는 말입니다. 뜻을 찾아봅시다.

만수무강: ....

천세: ....

관련어 톡톡

중얼거리며 써 보기

長壽	長壽	長壽		

| 181 |

조건

條件

가지 조 물건 건

문해력 쑥쑥 여행이 즐거워지려면 어떤 조건이 필요할까요? 좋은 사람들, 쾌적한 날씨, 아름다운 장소, 맛있는 음식! 조(條)는 '가지, 나뭇가지'를, 건(件)은 '사건, 가지'를 뜻해요. 조건은 **어떤 일이 이루어지기 위해 갖추어야 할 상태나 요소, 상황 또는 요구사항**을 의미하지요. 비슷한말로 '요건, 자격, 여건' 등이 있어요.

“ 그 학생은 장학금을 받기 위한 條件을 모두 갖추었습니다. ”

“ 한반도는 대륙과 바다로 나가기 좋은 지리적 條件을 갖추었습니다. ”

실력 쑥쑥 QUIZ

Q. 여러분이 원하는 꿈을 이루기 위한 '조건'을 세 가지 작성해 봅시다.

① .... ② ....

③ ....

관련어 톡톡

중얼거리며 써 보기

條件 條件 條件

| 182 |

조직
組 織
짤조 짤직

문해력 쑥쑥 학급회를 조직합시다. 봉사단을 조직합시다. 많이 들어 본 말이지요? 조(組)는 '짜다, 끈'을, 직(織)은 '짜다, 베 짜기'를 뜻해요. 조직은 한자어 그대로 **짜다, 얽어서 만들다**를 의미해요. 또한 **여러 개체, 요소를 모아서 집단을 만드는 것**을 말하기도 해요. 비슷한말로 '짜임새, 구성, 기관' 등이 있어요.

" 다양한 동아리 組織을 위해
학생들이 원하는 동아리를 신청받고 있습니다. "

실력 쑥쑥 QUIZ

Q. 여러분이 속해 있는 '조직'을 죽 나열해 봅시다.

[예시] 가정, 학교 등.

관련어 톡톡

중얼거리며 써 보기

組織	組織	組織		

| 183 |

증감
增 減
할증 덜감

문해력 쑥쑥 늘림과 줄임을 한자어로 줄여서 말하면 무엇일까요? 바로 증감입니다. 증(增)은 '늘다, 더하다, 늘리다'를, 감(減)은 '덜다, 줄다'를 뜻해요. 증감은 **많아지거나 적어짐** 또는 **늘리거나 줄임**을 의미해요. 수나 양이 많거나 적어진다는 의미로 생각해 봅시다.

" 질병관리청에서 코로나 확진자의 增減을 파악하고 있다. "

" 매월 용돈이 增減하고 있어. 용돈은 '증'만, 몸무게는 '감'만 있어야 하는데. "

실력 쑥쑥 QUIZ

Q. '증감'이라는 어휘를 넣어서 짧은 글을 만들어 봅시다.

[예시] 인구의 증감은 경제에 큰 영향을 미친다.

관련어 톡톡

중얼거리며 써 보기

增減	增減	增減		

| 184 |

찬성

贊 成

도울 찬 이룰 성

문해력 쑥쑥 마음껏 스마트폰 하는 것, 찬성? 음악 듣는 것, 찬성? 햄버거 먹는 것, 찬성? 모든 질문에 찬성했을 것 같은 생각이 드네요. 찬(贊)은 '돕다, 밝히다, 이끌다'를, 성(成)은 '이루다, 이루어지다'를 뜻해요. 찬성은 **좋거나 옳다고 함**을 의미합니다. 즉, **행동, 의견, 제안이 옳거나 좋다고 판단하여 수긍함**을 말하지요.

" 이 안건에 贊成하는 사람과 반대하는 사람이 반반씩 나왔어. 贊成과 반대 투표를 다시 해야겠어. "

실력 쑥쑥 QUIZ

Q. 초성 단서를 보고 '찬성'의 반대말을 적어 봅시다.

찬성 ⇔ ㅂㄷ, ㅂㅊㅅ

관련어 톡톡

중얼거리며 써 보기

贊成	贊成	贊成		

답: 반대, 불찬성

| 185 |

최대

最 大

가장 최 클 대

문해력 쑥쑥 여러분은 50미터를 최대한 빨리 달렸을 때, 몇 초 만에 들어올 수 있나요? 밥을 최대한 많이 먹었을 때는 몇 그릇이나 먹었나요? 최(最)는 '가장, 제일, 최상'을, 대(大)는 '크다, 높다, 많다'를 뜻해요. 최대는 **수나 양이 가장 큼**을 의미하지요. 반대말은 '최소'라고 해요.

" 이 자동차의 最大 속도는 얼마인가요? "

" 最大 1,000명의 관중이 들어갈 수 있는 경기장입니다. "

실력 쑥쑥 QUIZ

Q. 인터넷 기사를 찾아서 '최대'라는 단어가 어디에 쓰였는지 살펴봅시다.

관련어 톡톡

중얼거리며 써 보기

最大	最大	最大		

| 186 |

최초
最 初
가장 최 처음 초

문해력 쑥쑥 최초로 올림픽 경기가 열린 국가는? 그리스! 최초로 달에 발을 디딘 사람은? 닐 암스트롱! 최(最)는 '가장, 제일, 최상'을, 초(初)는 '처음, 시초, 시작'을 뜻해요. 최초는 **맨 처음**을 의미하지요. 비슷한말에는 '처음, 효시'가 있고, 반대말에는 '최종'이 있어요.

" 세계 最初, 국내 最初! **"**

" 어떤 일을 最初로 시작한 사람을 창시자라고 해. **"**

실력 쑥쑥 QUIZ

Q. 다음 질문에 알맞은 답을 하세요.

- 세계 최초의 철갑선은? ㄱㅂㅅ
- 피겨스케이팅에서 4대 주요 국제대회를 모두 제패한 우리나라의 선수는? ㄱㅇㅇ

관련어 톡톡

중얼거리며 써 보기

最初	最初	最初		

답: 거북선, 김연아

| 187 |

최종

最 終

가장 최 마칠 종

문해력 쑥쑥 최종 목표, 최종 우승! '최종'이라는 말을 들으면 어쩐지 마지막이라는 느낌도 들고, 드디어 결과가 나온다는 생각도 들지요? 최(最)는 '가장, 제일'을, 종(終)은 '마치다, 끝내다, 다하다'를 뜻해요. 최종은 **맨 나중, 맨 끝**을 의미합니다. 비슷한말로 '나중, 마지막, 최후'가 있고, 반대말에는 '최초'가 있어요.

" 열차의 最終 목적지는 어디인가요? "

" 最終 면접에 합격했다며? 축하해. "

실력 쑥쑥 QUIZ

Q. 학교 생활의 '최종 목적'은 무엇인가요? '최종'이라는 말을 넣어 짧은 문장을 만들어 봅시다.

[예시] 고민 끝에 국어국문학과를 최종 선택했다.

관련어 톡톡

중얼거리며 써 보기

最終	最終	最終		

188

측면

側 面

결 측　낯 면

문해력 쑥쑥 축구에서 옆쪽으로 돌파하는 것은 측면 돌파! 어떤 일을 옆에서 도와주는 것은 측면 지원! 어휘 공부는 긍정적인 측면이 많죠? 측(側)은 '곁, 옆, 가'를, 면(面)은 '낯, 얼굴'을 뜻해요. 측면은 **왼쪽이나 오른쪽의 면, 왼쪽이나 오른쪽 부위**를 의미하지요. **사물이나 현상의 한 부분, 한 면**을 말하기도 해요.

" 정면 공격이 어려우니, 側面 돌파를 해 봅시다. "

" 이 문제는 긍정적 側面과 부정적 側面이 모두 있어요. "

실력 쑥쑥 QUIZ

Q. 좋아하는 사물을 하나 정합시다. 그리고 전후좌우 상하의 '측면'을 그려 봅시다.

관련어 톡톡

중얼거리며 써 보기

側面	側面	側面		

| 189 |

측정

測定

헤아릴 측 정할 정

문해력 쑥쑥 열이 나서 병원에 가면 체온계로 체온을 측정하지요? 미세먼지가 많으면 기상청에서 공기 질을 측정하여 발표합니다. 측(測)은 '재다, 헤아리다'를, 정(定)은 '정하다, 정해지다'를 뜻해요. 측정은 **길이, 무게, 크기, 시간 등을 재어서 정함**을 의미해요. **특정한 기준이나 단위를 사용하여 양을 재는 것**을 말하기도 해요.

" 열이 심하게 나는 것 같으니 체온을 測定해 볼게. "

" 이번 건강검진에서는 키와 몸무게를 測定할 거예요. "

실력 쑥쑥 QUIZ

Q. '측정'과 비슷한말에 모두 O표 하세요.

[관측 측량 불편 계량]

관련어 톡톡

중얼거리며 써 보기

測定	測定	測定		

답: 관측, 측량, 계량

| 190 |

토론

討 論

칠 토 논할 론(논)

문해력 쑥쑥 토의와 토론의 차이점은? 토의는 여러 사람이 의논하여 가장 좋은 해결책을 찾는 것! 토론은 찬성 측과 반대 측이 자신의 의견을 논리적으로 설명하는 것! 토(討)는 '치다, 공격하다, 찾다'를, 론(論)은 '말하다, 서술하다, 따지다'를 뜻해요. 토론은 **어떤 문제에 대하여 여러 사람이 각자의 의견을 내세워 그것의 정당함을 논함**을 뜻해요.

" 토의에는 학급 회의가 있고, 토론에는 찬반 討論이 있어요. "

" 어젯밤에 100분 討論에서 선거에 대해 이야기하는 것을 봤어. "

실력 쑥쑥 QUIZ

Q. '토론자'가 갖추어야 할 태도는 무엇일까요?

[예시] 논리적인 근거 제시, 상대방을 존중하는 마음 등.

관련어 톡톡

중얼거리며 써 보기

討論	討論	討論		

191

편견

偏 見

치우칠 편　볼 견

문해력 쑥쑥 친구에 대해 어떤 편견을 가진 적이 있나요? 편견을 가지면 그 대상을 점점 나쁘게 보게 되지요? 편(偏)은 '치우치다, 쏠리다'를, 견(見)은 '보다, 생각해 보다'를 뜻해요. 한자어를 그대로 풀면 **한쪽으로 치우친 생각, 공정하지 못한 생각 또는 견해**를 말하지요. 편견에 빠지면 시야가 좁아지고 부정적인 판단을 하게 됩니다.

" 그 친구는 偏見이라는 색안경을 끼고, 우리를 보는 것 같아.
그 偏見은 무지에서 비롯된 것이겠지. "

실력 쑥쑥 QUIZ

Q. 평소에 갖고 있던 '편견'이 있나요? 사람, 사물, 현상에 편견을 가졌던 경험을 떠올려 봅시다.

[예시] 두리안은 냄새 때문에 맛이 없을 거라고 생각했다.

관련어 톡톡

중얼거리며 써 보기

偏見	偏見	偏見		

| 192 |

표준어

標 準 語

표할 표 준할 준 말씀 어

문해력 쑥쑥 각 지방 사람이 모두 사투리를 쓴다면 어떤 일이 생길까요? 단어나 뉘앙스가 달라 종종 소통하기 어려운 경우가 생기겠지요? 표(標)는 '표하다, 나타내다'를, 준(準)은 '준하다, 의거하다'를, 어(語)는 '말씀'을 뜻해요. 즉, 표준어는 **한 나라가 언어의 통일을 위하여 표준으로 정한 말**을 의미하지요.

" 標準語는 교양 있는 사람들이 두루 쓰는 현대 서울말을 의미합니다. "

" 서울에서 산 지 10년이 되니 이제 標準語가 더 편해졌어. "

실력 쑥쑥 QUIZ

Q. 평소에 알고 있던 사투리가 있나요? '표준어'와 사투리가 다른 단어를 한번 찾아봅시다.

표준어: ....

사투리: ....

관련어 톡톡

중얼거리며 써 보기

標準語	標準語	標準語	

193

풍습

風 習

바람 풍 익힐 습

문해력 쑥쑥 동지에 팥죽을 먹어 보았나요? 설날에 세배를 해 보았나요? 이것들은 우리나라의 전통 풍습입니다. 풍(風)은 '바람, 풍속, 모습'을, 습(習)은 '익히다, 익숙하다, 배우다'를 뜻해요. 풍습은 **옛날부터 그 사회에 전해 오는 습관, 유행**을 의미합니다. 옛것을 잘 알고 익히는 것은 후손으로서 매우 가치가 있겠지요?

" 우리 민족 고유의 전통과 風習. "

" 각 나라가 가진 風習을 존중합시다. "

실력 쑥쑥 QUIZ

Q. 여러분이 알고 있는 우리나라 고유의 '풍습'을 두 개만 적어 봅시다.

① ....

② ....

관련어 톡톡

중얼거리며 써 보기

風習	風習	風習		

| 194 |

해방
解 放
풀 해　놓을 방

문해력 쑥쑥 여러분을 억누르거나 부담스럽게 하던 것에서 벗어난다면 기분이 어떨까요? 해방되고 홀가분한 느낌! 해(解)는 '풀다, 벗다'를, 방(放)은 '놓다, 내치다, 놓이다'를 뜻해요. 해방은 **구속, 억압, 부담에서 벗어나 자유롭게 함**을 말하지요. 우리 역사에서는 **1945년 8월 15일 우리나라가 일제에서 벗어난 일**을 뜻하기도 합니다.

" 내일이면 시험에서 解放된다! 야호! "

" 8월 15일은 우리 민족의 解放, 광복절! "

실력 쑥쑥 QUIZ

Q. '해방'이라는 단어를 넣어 광복절을 동생에게 소개하는 짧을 글을 써 봅시다.

관련어 톡톡

중얼거리며 써 보기

解放	解放	解放		

| 195 |

해소

解 消

풀 해 사라질 소

문해력 쑥쑥 신나게 노래를 부르면 스트레스가 해소되지요? 맛있는 음식을 먹어도 고민이 줄어드는 느낌이고요. 해(解)는 '풀다, 벗다, 용서하다'를, 소(消)는 '사라지다, 약해지다'를 뜻해요. 해소는 **좋지 않은 일, 감정, 문제를 풀어서 없앰**을 의미해요. 나쁜 감정이나 기분은 빨리 해소하여 마음의 짐을 덜어 냅시다.

" 교통 체증이 解消되었습니다. "

" 음악을 들으면 스트레스가 解消됩니다. "

실력 쑥쑥 QUIZ

Q. 불교에서는 화장실을 해우소(解憂所)라고 했습니다. 근심, 걱정을 풀어내는 곳이라는 뜻입니다. 각각 한자의 의미를 찾아봅시다.

관련어 톡톡

중얼거리며 써 보기

解消	解消	解消		

| 196 |

허용

許 容

허락할 허 얼굴 용

문해력 쑥쑥 도서관에서는 음식을 먹는 것을 허용하지 않지요? 허(許)는 '허락하다, 승낙하다, 들어주다'를, 용(容)은 '얼굴, 모양, 몸가짐'을 뜻해요. **허용은 허락하여 받아들임**이라는 의미로, **무엇인가를 할 수 있도록 허락하거나 조건을 받아들인다**는 말이지요. '허락'은 주로 개인적인 상황에서, '허용'은 규칙, 규정, 법률 등에 주로 사용돼요.

" 이 과자는 설탕 사용량의 許容 기준치를 초과하였습니다. "

" 오늘부터 이 산의 등산이 許容되었습니다. "

실력 쑥쑥 QUIZ

Q. '허용'은 어떤 일을 막지 않고 그냥 받아들일 때도 사용해요. 다음 예문의 뜻을 설명해 보세요.

[예시] 동점 골을 허용했습니다.

관련어 톡톡

중얼거리며 써 보기

許容	許容	許容		

197

현실

現實

나타날 현 열매 실

문해력 쑥쑥 여러분의 꿈이 현실이 된다면 얼마나 좋을까요? 그러기 위해서는 열심히 노력해야겠지요? 현(現)은 '나타나다, 드러내다, 실재'를, 실(實)은 '열매, 차다'를 뜻해요. 현실은 **현재 실제로 존재하는 사실, 상태**로, **우리가 살고 있는 세계와 상황**을 말하지요. 비슷한말로 '실제, 실상'이 있고, 반대말로 '꿈, 가상'이 있어요.

" 어려운 농촌의 現實을 보여 주는 뉴스였습니다. "

" 휴전선은 우리의 분단 現實을 보여 주는 증거입니다. "

실력 쑥쑥 QUIZ

Q. 꿈을 '현실'로 만들기 위해 어떻게 해야 할지 적어 봅시다.

[예시] 관심 있는 분야의 전문가가 쓴 책을 읽는다.

관련어 톡톡

중얼거리며 써 보기

現實	現實	現實		

| 198 |

확신

確 信

굳을 확 믿을 신

문해력 쑥쑥 여러분이 어휘 공부를 열심히 하면 의사소통 능력이 좋아지리라 확신해요. 또한 여러 과목을 공부할 때도 큰 도움이 되리라 확신하고요. 확(確)은 '굳다, 단단하다, 강하다'를, 신(信)은 '믿다, 확실하다'를 뜻해요. 한자어 그대로 풀면 **굳게 믿음**을 의미하지요. 확신에 찬 목소리로 한번 외쳐 볼까요? "할 수 있다! 잘될 것이다!"

❝ 리더는 이번 일이 성공하리라는 確信이 있었다. ❞

❝ 자기 생각과 능력에 대한 確信을 갖는 것이 중요해요. ❞

실력 쑥쑥 QUIZ

Q. '확신'과 비슷한말에 모두 O표 하세요.

[신념 좌절 자신 자괴 믿음]

관련어 톡톡

중얼거리며 써 보기

確信	確信	確信		

답: 신념, 자신, 믿음

| 199 |

간주
看 做
볼 간 지을 주

문해력 쑥쑥 간주라니, 노래 사이에 나오는 중간 연주를 의미하는 것일까요? 한자를 잘 보면 다른 뜻입니다. 간(看)은 '보다, 바라보다'를, 주(做)는 '짓다, 만들다'를 뜻해요. 간주는 **그렇다고 여김**을 의미하지요. **성질이나 모양이 그와 같다고 본다는 것**입니다. 비슷한말로 '취급, 해석'이 있어요.

" 몇 명의 의견을 전체의 의견인 것처럼 看做하면 안 됩니다. "

실력 쑥쑥 QUIZ

Q. 초성 단서를 보고 빈칸에 들어갈 단어를 맞혀 봅시다.

간주는 그와 [ㄱㄷ]고 여김을 뜻합니다.

관련어 톡톡

중얼거리며 써 보기

看做	看做	看做		

답: 같다

| 200 |

개표
開 票
열 개　표 표

문해력 쑥쑥 드디어 투표가 끝났습니다. 그다음 무엇을 해야 할까요? 박수를 쳐야 한다고요? 그것도 맞지만, 이제 표를 세어야겠지요. 개(開)는 '열다, 펴다, 말하다'를, 표(票)는 '표, 증표, 쪽지'를 뜻해요. 개표는 **투표함을 열고 투표의 결과를 검사함**을 의미합니다. 투표함을 열고 한 표씩 확인하다 보면 어느덧 손에 땀을 쥐게 되지요.

" 開票 결과, 강용철 학생이 회장으로 당선되었습니다. "

" 선거가 끝나면 開票 방송을 보는 게 흥미진진해. "

실력 쑥쑥 QUIZ

Q. '개표' 방송을 본 적이 있나요? 그때 어떤 점이 가장 재미있었는지 떠올려 보세요.

관련어 톡톡

중얼거리며 써 보기

開票	開票	開票		

| 201 |

게양
揭 揚
높이 들 게 날릴 양

문해력 쑥쑥 국경일에는 태극기를 어떻게 해야 할까요? 게양해야 합니다. 게(揭)는 '들다, 높이 들다, 걸다'를, 양(揚)은 '날리다, 쳐들다, 위로 올리다'를 뜻해요. 게양은 **깃발을 높이 매달아 올림**을 말하지요. 여러분은 국경일에 집 밖에 태극기를 게양하는지 궁금하네요. 애국심은 작은 행동에서부터 나온답니다.

" 지금부터 태극기 揭揚식을 하도록 하겠습니다. "

" 비가 올 때는 국기를 揭揚하지 않아요. "

실력 쑥쑥 QUIZ

Q. 초성 단서를 보고 빈칸에 들어갈 단어를 맞혀 봅시다.

게양은 [ㄱㅂ]을 높이 매달아 올린다는 뜻입니다.

관련어 톡톡

중얼거리며 써 보기

揭揚	揭揚	揭揚		

답: 깃발

| 202 |

국제화

國 際 化

나라 국 즈음 제 될 화

문해력 쑥쑥 교통, 정보통신의 발달로 지구촌 사회가 되었지요? 국제 교류, 국제화 시대라는 말을 들어 보았나요? 국(國)은 '나라, 국가'를, 제(際)는 '사이, 중간, 만나다, 닿다'를, 화(化)는 '되다, 따르다'를 뜻해요. 국제화는 **국제적인 것으로 됨**을 의미해요. **어떤 일의 범위가 여러 나라에 미치게 되는 것**을 말하지요.

" 용철이는 國際化 시대에 맞게 외국어를 열심히 공부한다. "

" 우리나라는 1980년대부터 서서히 國際化되었어. "

실력 쑥쑥 QUIZ

Q. '국제화' 시대를 위해 미리 준비해야 할 것을 작성해 보세요.

[예시] 외국어 능력, 시사 상식 등.

관련어 톡톡

중얼거리며 써 보기

國際化	國際化	國際化	

203

근거

根 據

뿌리 근 근거 거

문해력 쑥쑥 친구들과 토론할 때 주장을 뒷받침하기 위해서는 이것을 잘 준비해야 합니다. 바로 근거지요. 근(根)은 '뿌리, 근본'을, 거(據)는 '근거, 근원'을 뜻해요. 근거는 **일이나 의견의 근본이 되는 까닭, 이유 등**을 의미합니다. 상대방을 설득하려면 객관적이고 논리적인 근거를 제시해야 해요.

" 토론할 때는 충분한 根據를 제시하는 것이 중요합니다. "

" 그렇게 생각한 판단의 根據는 무엇인가요? "

실력 쑥쑥 QUIZ

Q. 초성 단서를 보고 빈칸에 들어갈 단어를 맞혀 봅시다.

근거는 근본이 되는 [ㄲㄷ], [ㅇㅇ]를 뜻한다.

관련어 톡톡

중얼거리며 써 보기

根據	根據	根據		

답: 까닭, 이유

| 204 |

기반

基 盤

터 기 소반 반

문해력 쑥쑥 풍성한 어휘력을 위한 기반을 탄탄히 다지면 표현력과 독해력이 좋아진답니다. 기(基)는 '터, 기초'를, 반(盤)은 '소반, 대야, 밑받침'을 뜻해요. 기반은 **기초가 되는 바탕**을 의미하지요. 때에 따라 **사물의 토대나 발판**을 말하기도 해요. 비슷한말로 '바탕, 발판, 기초, 터전' 등이 있어요.

" 10년을 노력하여 원하는 대학에 들어갈 基盤을 닦았어. "

" 고객의 요구 사항을 基盤으로 제품을 개발합시다. "

실력 쑥쑥 QUIZ

Q. '기반'과 비슷한말에 모두 O표 하세요.

[근거 기틀 갈등 터전 결과]

관련어 톡톡

중얼거리며 써 보기

基盤	基盤	基盤		

답: 근거, 기틀, 터전

| 205 |

긴밀

緊 密

긴할 긴 빽빽할 밀

문해력 쑥쑥 친한 친구와는 긴밀한 관계를 형성하고 있지요? 긴(緊)은 '긴하다, 팽팽하다, 단단하다'를, 밀(密)은 '빽빽하다, 촘촘하다, 빈틈없다'를 뜻해요. 긴밀은 **서로 틈이 없을 정도로 매우 가까움, 서로의 관계가 매우 가까움**을 의미해요. '두터움, 밀접한, 친밀함, 가까움'과 비슷한말이지요.

" 가족은 緊密하게 연결된 인간관계이다. "

" 교사, 학생, 학부모는 참된 교육을 위해 緊密한 관계를 맺고 있다. "

실력 쑥쑥 QUIZ

Q. 가장 친한 친구를 떠올려 보세요. 그 친구와 '긴밀'한 관계를 유지할 수 있는 이유가 무엇인가요?

[예시] 공통의 관심사를 가지고 있다.

관련어 톡톡

줄얼거리며 써 보기

緊密	緊密	緊密		

| 206 |

대첩

大 捷

클 대 이길 첩

문해력 쑥쑥 살수○○, 청산리○○! 빈칸에 공통적으로 들어갈 말은? 바로 대첩입니다. 대(大)는 '크다, 심하다, 높다'를, 첩(捷)은 '이기다, 승리하다'를 뜻해요. 한자어를 그대로 풀면 **크게 이김, 큰 승리**를 의미하지요. **주로 전투에서 한 편이 엄청난 승리를, 다른 편은 큰 손실을 입고 패배하는 것**을 말합니다. 역사를 공부할 때 꼭 기억해 두세요!

" 독립군이 일제를 상대로 청산리大捷을 이루어 냈다. "

" 을지문덕 장군은 살수大捷에서 위대한 전략으로 승리를 만들었어. "

실력 쑥쑥 QUIZ

Q. '대첩'을 다른 말로 바꾸면 어떤 단어가 될지 초성을 보고 답을 써 보세요.

ㄷㅅㄹ, ㅇㅅ

관련어 톡톡

중얼거리며 써 보기

大捷	大捷	大捷		

답: 대승리, 압승

| 207 |

대칭
對 稱
대할 대 저울 칭

문해력 쑥쑥 서로 마주보며 짝을 이루는 것은? 대(對)는 '대하다, 마주하다, 대답하다'를, 칭(稱)은 '저울질하다, 무게를 달다, 알맞다'를 뜻해요. 대칭은 **사물들이 서로 같은 모습으로 마주보며 짝을 이룬 것**을 의미해요. 수학에서는 점, 선이 서로 같거나 비슷한 크기, 위치 상태를 이루는 것을, 미술에서는 부분들이 조화를 이룬 형식을 말합니다.

" 이 집은 두 방이 서로 對稱을 이루는 구조구나. "

" 對稱이 주는 안정감 덕분에 편안한 느낌이야. "

실력 쑥쑥 QUIZ

Q. 수학 시간에 나오는 점대칭과 선대칭이 무엇인지 설명해 봅시다.

점대칭: ....

선대칭: ....

관련어 톡톡

중얼거리며 써 보기

對稱	對稱	對稱		

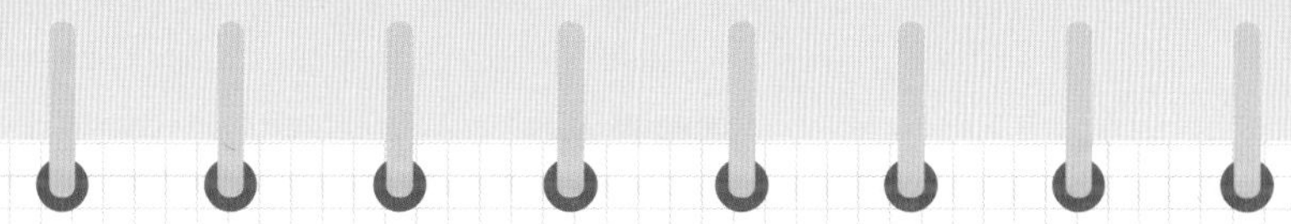

문해력으로 성장하는 우리 ⑦

교과서로 어휘력 키우기

문성우

선생님! 어휘력을 키우기 위해 어떻게 하면 될까요?

용철쌤

아주 좋은 질문입니다.
성우는 교과서에 나오는 어휘를 주의해서 보나요?

문성우

저는 어휘와 친해지고 싶은데,
어휘들은 그럴 마음이 없는 것 같아요.

용철쌤

성우는 유머와 언어 감각이 있어서
어휘력을 금방 키울 듯하네요.
먼저 교과서와 책을 읽다가 처음 보는
어휘가 나오면 그것부터 공부해 봅시다.

함께 생각하기

교과서에는 여러분이 알아야 할 어휘가 잘 정리되어 있어요. 국어 교과서의 어휘 풀이, 여러 과목의 새로운 용어를 새로운 친구라고 생각하는 태도가 중요해요. 선생님의 제자들은 '나문수(나만의 문해력 수첩)'를 만들어서 새로 만나는 어휘를 정리하고 있답니다.

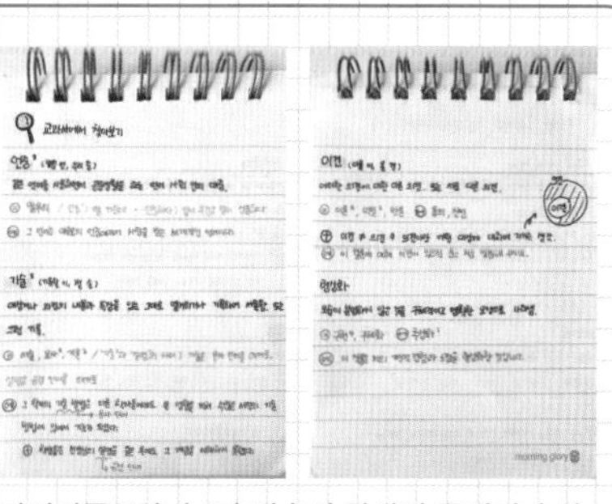

경희여중 2학년 2반 정수민 학생의 문해력 수첩

208

도매

都 買

도읍 도 살 매

문해력 쑥쑥 도매와 소매의 차이를 알고 있나요? 도(都)는 '도읍, 마을, 모두'를, 매(買)는 '사다'를 뜻해요. 도매는 **물건을 낱개로 사지 않고 여러 개를 한 단위로 사는 것**입니다. 소매는 적은 양을 소비자에게 직접 파는 행위를 뜻하지요. 도매로 물건을 살 때는 대량으로 많이 사기 때문에 낱개, 소수로 사는 것보다 저렴하겠지요?

" 그 과일 가게는 과일을 都買로 많이 사서 준비한다고 해. "

" 都買 거래를 위해 제품을 대량으로 사서 창고에 보관했어. "

실력 쑥쑥 QUIZ

Q. 하나의 물건을 정하고 인터넷 쇼핑몰에서 대량 구매와 소량 구매의 가격을 비교해 봅시다.

관련어 톡톡

중얼거리며 써 보기

都買	都買	都買		

| 209 |

매체

媒 體

중매 매 　몸 체

문해력 쑥쑥 우리가 평소에 자주 사용하는 인터넷 ○○, 영상 ○○에 들어갈 말은 무엇일까요? 바로 매체입니다. 매(媒)는 '중매, 매개'를, 체(體)는 '몸, 신체, 물체'를 뜻해요. 매체는 **어떤 작용을 한쪽에서 다른 쪽으로 전달하는 물체**를 의미해요. 즉, **소식, 사실을 전달하는 물체나 수단**을 말하지요.

❝ 媒體의 종류에는 시각 媒體, 청각 媒體, 시청각 媒體 등이 있다. ❞

❝ 유튜브는 우리가 가장 많이 보는 영상 媒體야. ❞

실력 쑥쑥 QUIZ

Q. '매체'와 비슷한 뜻의 외래어를 초성을 보고 맞혀 봅시다.

ㅁㄷㅇ

관련어 톡톡

중얼거리며 써 보기

媒體	媒體	媒體		

답: 미디어

| 210 |

면모

面 貌

낯 면　모양 모

문해력 쑥쑥 담임 선생님께서 여러분을 '열심히 노력하며 긍정적인 면모를 지닌 학생입니다'라고 평가하신다면 정말 기분이 좋겠지요? 면(面)은 '낯, 얼굴'을, 모(貌)는 '모양, 자태, 행동'을 뜻해요. 면모는 **얼굴의 모양이나 사람, 사물의 겉모습**을 의미해요. 상황에 따라 사람의 됨됨이, 특성을 말하기도 해요.

" 그 배우의 빼어나게 아름다운 面貌에 많은 사람이 놀랐다. "

" 그 친구가 회장으로서의 面貌를 보여 주었어. "

실력 쑥쑥 QUIZ

Q. 보기와 같은 말의 관계로 적절한 것은?

[보기] 면모 - 모습

① 사람 - 인간

② 새 - 비둘기

③ 여름 - 겨울

관련어 톡톡

중얼거리며 써 보기

面貌	面貌	面貌		

①:답

| 211 |

발굴

發 掘

필발 팔굴

문해력 쑥쑥 땅을 파다가 유물이 나왔어요. 유물 ○○! 빈칸에 들어갈 말은 발굴입니다. 발(發)은 '피다, 쏘다, 일어나다, 드러내다'를, 굴(掘)은 '파다, 파내다, 솟다'를 뜻해요. 발굴은 **땅속, 흙, 돌 더미에 묻혀 있던 것을 파냄**을 의미해요. **세상에 알려지지 않은 뛰어난 것을 찾아 밝힐 때**도 사용합니다. 정보, 사람에 대해 사용하기도 하지요.

" 우리 마을에서 삼국 시대 유물을 發掘하게 되었다니. "

" 이번 <슈퍼스타 게임>에서 신인을 發掘하고자 합니다. "

실력 쑥쑥 QUIZ

Q. '발굴'과 비슷한말에 모두 O표 하세요.

[채굴 채광 폐쇄 발견 개발]

관련어 톡톡

중얼거리며 써 보기

發 掘	發 掘	發 掘		

답: 채굴, 채광, 발견, 개발

| 212 |

서식지
棲 息 地
깃들일 서 쉴 식 땅 지

문해력 쑥쑥 습지는 다양한 조류와 어류의 서식지입니다. 산호초는 해양 생물의 서식지이지요. 서(棲)는 '살다, 깃들이다, 거처하다'를, 식(息)은 '쉬다, 살다'를, 지(地)는 '땅, 장소'를 뜻해요. 서식지는 **생물이 자리를 잡고 사는 곳, 보금자리를 만들어 사는 장소**를 의미해요. 음식을 쉽게 구하고 보호받을 수 있어서 살기에 좋은 곳이 서식지가 되겠지요

" 철새 棲息地에 대한 조사가 이루어지고 있습니다.
이로써 천연기념물의 棲息地를 보호하는 일에 집중할 예정입니다. "

실력 쑥쑥 QUIZ

Q. 서식지를 보호하고 보전하기 위해 우리가 할 수 있는 방법에는 어떤 것이 있을지 생각해 봅시다.

[예시] 환경 지키기, 사람들에게 알리기 등

관련어 톡톡

중얼거리며 써 보기

棲息地	棲息地	棲息地	

| 213 |

순환

循環

돌 순 고리 환

문해력 쑥쑥 '물의 순환', '혈액의 순환'을 배워 본 적이 있지요? 순(循)은 '돌다, 빙빙 돌다, 돌아다니다'를, 환(環)은 '고리, 돌다'를 뜻해요. 순환은 **주기적으로 반복되거나 되풀이되는 것**을 말하지요. **경로나 과정을 따라 이동하면서 반복되는 현상**을 말해요. 비슷한말로는 '사이클, 루프, 윤환'이 있어요.

" 와, 저기 循環 열차가 왔다. 빨리 타자. "

" 공기 循環 장치를 설치했더니, 내부 공기가 깨끗해졌어. "

실력 쑥쑥 QUIZ

Q. 물이 어떻게 순환되는지 알고 있나요? 액체, 기체, 고체로 순환하는 원리를 써 봅시다.

관련어 톡톡

중얼거리며 써 보기

循環	循環	循環		

| 214 |

전망
展 望
펼 전　바랄 망

문해력 쑥쑥 20년 후에 전망이 밝은 직업은 무엇일까요? AI 전문가? 환경 운동가? 전(展)은 '펴다, 나아가다, 발달하다'를, 망(望)은 '바라다, 기대하다'를 뜻해요. 전망은 **앞날을 미리 내다봄**, 즉 **장래를 예상**한다는 의미지요. 또한 **멀리 내다보이는 경치**를 뜻하기도 해요. 두 가지 의미를 모두 기억해 두세요.

" 인공지능을 이용하는 직업이 展望이 좋을 것 같아. "

" 탁 트인 展望을 보니 마음이 시원해지네. "

실력 쑥쑥 QUIZ

Q. 미래에 '전망'이 좋을 것 같은 직업을 세 가지만 적어 봅시다.

① ______ ② ______

③ ______

관련어 톡톡

중얼거리며 써 보기

展望	展望	展望		

| 215 |

전파

傳 播

전할 전 뿌릴 파

문해력 쑥쑥 감기에 걸리면 마스크를 쓰는 것이 좋지요? 바이러스가 공기를 통해 전파되기 때문입니다. 전(傳)은 '전하다, 펴다, 널리 퍼뜨리다'를, 파(播)는 '뿌리다, 퍼뜨리다'를 뜻해요. 전파는 **널리 전하여 퍼뜨림**을 의미합니다. **다른 곳으로 퍼져 나가거나 확산되는 것**이지요. 빛, 소리, 질병, 문화 등 다양한 상황에 사용할 수 있어요.

" 그 소식이 소셜 미디어를 통해 빠르게 傳播되었어. "

" 코로나19는 바이러스의 빠른 傳播로 유행했어. "

실력 쑥쑥 QUIZ

Q. 과학 시간에 '전파'에 대해 배웠던 내용을 떠올려 봅시다.

[예시] 빛의 전파, 파동 등.

관련어 톡톡

중얼거리며 써 보기

傳播	傳播	傳播		

216

증거

證 據

증거 증 근거 근

문해력 쑥쑥 법과 관련된 영화나 드라마를 보면 자주 나오는 말이 있습니다. 'CCTV를 증거로 제출했다', '사건 현장에서 증거가 발견되었다!' 증(證)은 '증거, 증명하다'를, 거(據)는 '근거, 의거하다'를 뜻해요. 증거는 **어떤 사실을 증명할 수 있는 근거**를 의미하지요. 물체, 문서, 말, 사진, 영상 등 다양한 것이 증거가 될 수 있어요.

" 제주 앞바다에 이런 생물이 있다는 것이 지구온난화의 證據야. "

" 범죄 현장에서 지문은 중요한 證據입니다. "

실력 쑥쑥 QUIZ

Q. '증거'라는 예문이 적절하게 사용된 것은?

① 이것이 바로 진화의 증거이다.

② 그 사람이 문제를 일으키는 증거야.

③ 증거는 추상적이어서 세상에 존재할 수 없어.

관련어 톡톡

중얼거리며 써 보기

證 據	證 據	證 據		

답: ①

| 217 |

지형도

地 形 圖

땅 지 모양 형 그림 도

문해력 쑥쑥 사회 시간에 지형도라는 말을 들어 본 적이 있나요? 지형을 나타낸 그림! 지(地)는 '땅, 토지'를, 형(形)은 '모양, 형상'을, 도(圖)는 '그림'을 뜻해요. 지형도는 지표(땅의 겉면)의 형태, **지표에 분포하는 사물을 정확하고 상세하게 그린 지도**를 뜻해요. 등고선으로 땅의 높낮이를 나타내고 도로, 땅의 이름 등을 표시하지요.

" 사회 시간에 地形圖를 이용해 지역을 분석했습니다. "

" 地形圖를 볼 줄 알면 다양한 정보를 얻을 수 있어. "

실력 쑥쑥 QUIZ

Q. 우리나라에서는 5,000분의 1, 2만 5,000분의 1, 5만분의 1의 축척으로 된 세 종류의 '지형도'가 발행되고 있습니다. 검색해서 살펴봅시다.

관련어 톡톡

중얼거리며 써 보기

地形圖 地形圖 地形圖

218

초점

焦 點

탈초 점점

문해력 쑥쑥 사진을 잘 찍으려면 초점을 잘 맞추어야 해요. 시력이 나빠지면 안경을 써야 초점이 맞겠지요? 초(焦)는 '타다, 그을리다, 애타다'를, 점(點)은 '점, 측면'을 뜻해요. 초점은 **사진을 찍을 때 대상의 영상이 가장 선명하게 나타나는 점**을 의미해요. 또한 상황에 따라 사람들이 관심을 두거나 주의를 집중하는 부분을 뜻하기도 하지요.

"지금 말씀하신 것은 논쟁의 焦點이 아닙니다."

"이 사진은 焦點이 잘 안 맞은 것 같아."

실력 쑥쑥 QUIZ

Q. 과학 시간에도 '초점'을 사용한 실험을 많이 하지요. 대표적으로 어떤 것이 있을까요?

관련어 톡톡

중얼거리며 써 보기

焦點 焦點 焦點

| 219 |

촌락
村 落
마을 촌 떨어질 락

문해력 쑥쑥 사회 공부를 하다 보면 '촌락'이라는 말이 나올 때가 있어요. 마을, 부락과 비슷한 의미의 어휘인데요. 촌(村)은 '마을, 시골'을, 락(落)은 '떨어지다, 이루다'를 뜻해요. 촌락은 **시골에서 여러 집이 모여 사는 곳**을 의미해요. 한마디로 **시골의 작은 마을**을 말하는 것이지요.

" 村落은 농촌, 어촌, 산촌 등으로 나뉩니다. "

" 그 村落은 산과 강에 둘러싸여 아름다운 풍경을 이루고 있어요. "

실력 쑥쑥 QUIZ

Q. '촌락'이 사용된 예문으로 적절하지 <u>못한</u> 것은?

① 강 주변에는 촌락이 형성되어 있다.

② 그곳은 집이 몇 채 없는 외진 촌락이다.

③ 대도시에는 촌락이 많아서 편의시설이 많다.

관련어 톡톡

중얼거리며 써 보기

村落	村落	村落		

답: ③

| 220 |

축산물

畜 産 物

짐승 축 낳을 산 물건 물

문해력 쑥쑥 고기, 우유, 달걀의 공통점은 무엇일까요? 맛있다고요? 그것도 맞지만 모두 축산물이라는 점이 같지요. 축(畜)은 '짐승, 가축'을, 산(産)은 '낳다, 태어나다, 생기다'를, 물(物)은 '물건, 사물'을 뜻해요. 축산물은 **가축에서 얻는 모든 종류의 제품**을 의미합니다. 즉, **가축을 기르고 가공하여 만든 물품**을 통틀어 말하지요.

" 畜産物 도매 시장에 가서 저렴하게 고기를 샀어. "

" 畜産物 가공 공장에서는 다양한 유제품이 만들어집니다. "

실력 쑥쑥 QUIZ

Q. 가장 좋아하는 고기는 무엇인가요? 그 고기의 다양한 '축산물'의 종류를 검색해 찾아봅시다.

관련어 톡톡

중얼거리며 써 보기

畜産物	畜産物	畜産物	

| 221 |

탐사
探 査
찾을 탐　조사할 사

문해력 쑥쑥 여러분은 우주, 바다, 땅속, 동굴 등 어디를 탐사해 보고 싶나요? 상상만 해도 설레고 두렵기도 하네요. 탐(探)은 '찾다, 더듬어 찾다'를, 사(査)는 '조사하다'를 뜻해요. 탐사는 **알려지지 않은 사물이나 사실을 샅샅이 조사함**을 의미해요. 미지의 영역을 찾아 나서는 것이지요. 비슷한말로 '탐색, 탐험, 조사'가 있어요.

❝ 화성 探査 대원 선발에 지원해 보려고 해. ❞

❝ 지구에서 가장 넓고 깊은 해저를 探査해 봅시다. ❞

실력 쑥쑥 QUIZ

Q. '탐사'해 보고 싶은 장소, 사물, 사실이 있다면 적어 봅시다.

[예시] 세상에서 가장 긴 동굴을 탐사하고 싶다.

관련어 톡톡

줄열거리며 써 보기

探査	探査	探査		

| 222 |

퇴직

退 職

물러날 퇴 직분 직

문해력 쑥쑥 정년퇴직, 명예퇴직이라는 말을 들어 본 적이 있나요? 아마 여러분에게는 은퇴라는 말이 더 익숙할지도 모르겠어요. 퇴(退)는 '물러나다, 그만두다'를, 직(職)은 '벼슬, 관직, 임무'를 뜻해요. 퇴직은 **현재 하는 일이나 직업에서 물러나는 것**을 의미해요. 한마디로 **현직에서 그만둠**을 말하지요.

" 그 어르신은 退職한 분입니다. "

" 나이가 들면 退職 연금을 받는 사람도 있다고 해. "

실력 쑥쑥 QUIZ

Q. '퇴직'과 비슷한말에 모두 O표 하세요.

[은퇴 퇴임 사직 입직]

관련어 톡톡

중얼거리며 써 보기

退職	退職	退職		

답: 은퇴, 퇴임, 사직

| 223 |

투자

投 資

던질 투 재물 자

문해력 쑥쑥 어른들에게 투자란 경제적인 부분에서 더 큰 이익을 내기 위해 하는 활동이지요. 학생들과는 미래, 꿈, 열정과 많은 관계가 있어요. 투(投)는 '던지다, 주다, 보내다'를, 자(資)는 '재물, 자본'을 뜻해요. 투자는 **이익을 얻을 목적으로 돈, 시간, 정성을 쏟는 것**을 의미해요. 경제 용어 이외에 시간, 정성, 노력 등에도 사용할 수 있어요.

" 교육에 대한 投資를 늘려야 합니다. "

" 이번에 주식 投資로 큰 이익을 봤어. "

실력 쑥쑥 QUIZ

Q. '투자'와 비슷한말로 '출자, 투하'가 있습니다. 사전에서 뜻을 찾아봅시다.

출자: ....

투하: ....

관련어 톡톡

중얼거리며 써 보기

投資	投資	投資		

224

표준

標 準

표할 표 준할 준

문해력 쑥쑥 시간이 각각 다른 나라들이 표준 시간과 같은 기준이 없다면 무역이나 교류를 하기 어렵겠지요? 옷을 만드는 사람에게도 표준 사이즈가 필요해요. 표(標)는 '표하다, 나타내다, 기록하다'를, 준(準)은 '준하다, 정확하다'를 뜻해요. 표준은 **사물의 정도, 성격을 알기 위한 근거나 기준**을 의미하지요. 또한 **평균적인 것**이라는 의미로도 사용되고요.

"그 외국인은 標準 발음법을 공부해서 한국어 발음이 좋다."

"신생아의 몸무게가 標準에 못 미치네요."

실력 쑥쑥 QUIZ

Q. 다음 초성을 보고 '표준'이라는 말과 비슷한말을 찾아봅시다.

ㄱㅈ, ㅊㄷ, ㅍㄱ

중얼거리며 써 보기

標準	標準	標準		

답: 기준, 척도, 평균

| 225 |

홍보

弘 報

클 홍 알릴 보

문해력 쑥쑥 새로운 아이돌 그룹이 데뷔했습니다. 연예 기획사에서는 홍보를 위해 노력하겠지요? 홍(弘)은 '크다, 넓다, 널리'를, 보(報)는 '알리다'를 뜻해요. 홍보는 한자어 그대로 **널리 알림**을 의미해요. **널리 알리는 소식이나 보도**를 말하기도 하지요. 비슷한말로 '광고, 선전, 캠페인'이 있어요.

" 새 영화를 弘報하기 위해 주연 배우가 나섰어요. SNS로 챌린지를 하면서 마케팅을 한다고 해요. "

실력 쑥쑥 QUIZ

Q. '가족, 친구, 학교, 지역사회' 중에서 하나를 선정하여 '홍보'하는 문구를 만들어 봅시다.

관련어 톡톡

중얼거리며 써 보기

弘報 弘報 弘報

| 226 |

화제

話 題

말씀 화 **제목** 제

문해력 쑥쑥 개학하고 친구들을 만나면 이야깃거리가 참 많지요? 이야깃거리가 풍부한 친구와는 더욱 이야기가 끊이지 않아요. 화(話)는 '말씀, 이야기'를, 제(題)는 '제목, 머리말'을 뜻해요. 화제는 **이야기할 만한 재료나 소재**, 즉 **이야기의 재료**이지요. 상황에 따라 **이야기의 제목**을 말하기도 해요. 비슷한말로 '이야깃거리, 토픽, 화젯거리'가 있어요.

" 그 친구는 話題가 풍부해서 정말 이야기를 재미있게 해. "

" 지금 이 話題는 꺼내지 않는 게 좋겠어. "

실력 쑥쑥 QUIZ

Q. 오늘 있었던 일 중에 '화제'로 적절한 것을 하나 선택해 가족에게 이야기해 봅시다.

관련어 톡톡

중얼거리며 써 보기

話題	話題	話題		

| 227 |

회담

會 談

모일 회 말씀 담

문해력 쑥쑥 뉴스를 보면 정상 회담, 고위급 회담, 비공개 회담이라는 말이 등장할 때가 있어요. 회(會)는 '모이다, 모으다, 모임'을, 담(談)은 '말씀, 이야기'를 뜻해요. 회담은 **어떤 문제에 대하여 대표성을 띤 사람들이 모여서 대화를 나누거나 토의함**을 의미하지요. 비슷한말로 '회의, 회견'이 있어요.

" 두 국가가 무역 협상 會談을 개최하였다. "

" 평화 협정을 체결하기 위한 會談을 시작하겠습니다. "

실력 쑥쑥 QUIZ

Q. 뉴스에서 '회담'이라는 말을 검색하여 가장 최근의 뉴스를 살펴봅시다.

관련어 톡톡

중얼거리며 써 보기

會談	會談	會談		

| 228 |

휴지

休 止

쉴 휴 그칠 지

문해력 쑥쑥 휴지라고 하면 쓸모없는 종이, 화장실에서 쓰는 화장지가 떠오르나요? 한자를 잘 살펴보세요. 휴(休)는 '쉬다, 휴식하다'를, '지(止)'는 종이가 아니라 '그치다'라는 의미의 한자가 쓰였네요. 휴지는 **하던 것을 멈추고 쉼**을 말해요. **하던 것을 그친다는 말**이지요. 비슷한말로 '정지, 중지'가 있어요.

" 군사들은 잠시의 休止도 없이 행군했다. "

" play 옆에 일시 멈춤 아이콘이 영어로 pause, 한자어로 休止야. "

실력 쑥쑥 QUIZ

Q. 어휘 공부하느라 힘들지요? 오늘은 잠시 '휴지'!

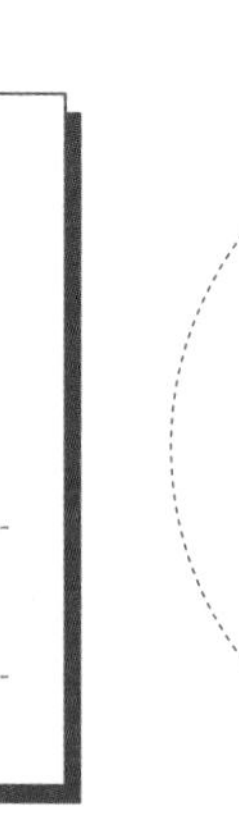

관련어 톡톡

중얼거리며 써 보기

休止	休止	休止		

| 229 |

가치관

價 値 觀

값가 값치 볼관

문해력 쑥쑥 도덕 수업, 인성 교육 시간에 가치관이라는 말이 자주 등장하지요. 가(價)는 '값, 값어치'를, 치(値)는 '값, 가격'을, 관(觀)은 '보다, 나타내다, 생각'을 뜻해요. 가치관은 한자어를 풀면 **가치에 대한 관점**입니다. **세계나 대상에 대해 평가하는 가치나 의미에 대한 생각, 입장, 견해**를 의미해요.

" 낡은 價値觀을 버리고 새로운 변화를 받아들여 더 나은 價値觀을 품어야 한다. "

실력 쑥쑥 QUIZ

Q. 인생에서 중요하다고 생각하는 '가치'를 세 가지만 써 봅시다.

① ______________ ② ______________

③ ______________

관련어 톡톡

중얼거리며 써 보기

價値觀	價値觀	價値觀	

| 230 |

개념

概 念

대개 개 **생각** 념

문해력 쑥쑥 어느 과목을 공부하든 개념 파악이 제일 중요해요. 개(槪)는 '대개, 대략'을, 념(念)은 '생각, 생각하다, 기억하다'를 뜻해요. 개념은 **사물이나 현상에 대한 일반적인 지식**을 의미해요. 조금 추상적인 어휘지만, 뜻을 잘 기억해 둡시다. 비슷한말로 '관념, 지식, 인식'이 있어요.

❝ 어려서부터 돈에 대한 概念을 잘 세워야 합니다. ❞

❝ 뉴스를 많이 보면 사회 문화에 대한 概念을 쌓게 된다. ❞

실력 쑥쑥 QUIZ

Q. '개념'과 비슷한말에 모두 O표 하세요.

[지식 차이 인식 관념]

관련어 톡톡

중얼거리며 써 보기

概念	概念	概念		

답: 지식, 인식, 관념

| 231 |

객관
客 觀
손 객 볼 관

문해력 쑥쑥 정확한 결론을 얻기 위해서는 객관적인 자료를 믿어야 해요. 객(客)은 '손님, 나그네'를, 관(觀)은 '보다, 자세히 보다'를 뜻해요. 즉, 손님의 입장에서 본다는 의미예요. 객관은 **제삼자의 입장에서 사물을 보거나 생각함**을 말합니다. 객관적으로 보기 위해서는 **자기와의 관계에서 벗어나 생각**해야 해요. 반대말은 '주관'이에요.

" 토론을 판정할 때는 客觀적으로 판단해야 해요. "

" 주관식보다 客觀식 문제가 더 풀기 쉽지. "

실력 쑥쑥 QUIZ

Q. '객관-주관'의 관계가 아닌 것은?

① 새 - 비둘기

② 높다 - 낮다

③ 생명 - 죽음

관련어 톡톡

중얼거리며 써 보기

客觀	客觀	客觀		

답: ①

| 232 |

고령화

高齡化

높을 고 나이 령 될 화

문해력 쑥쑥 국제연합에서는 65세 이상의 인구가 전체 인구의 7%를 넘는 사회를 고령화 사회라고 불러요. 고(高)는 '높다, 높아지다'를, 령(齡)은 '나이, 연령'을, 화(化)는 '되다'를 뜻해요. 고령화는 **노인의 인구 비율이 높은 상태로 나타나는 일**을 의미해요. 최근에는 우리나라가 고령화 사회를 넘어 고령 사회가 되었다고 보기도 합니다.

" 농촌에서 高齡化 현상이 더 크게 나타나고 있다. "

" 高齡化 시대에는 어떤 문제가 나타날까? "

실력 쑥쑥 QUIZ

Q. 인터넷에 '저출산, 저출생, 고령화, 고령'에 대해 검색해 봅시다.

관련어 톡톡

중얼거리며 써 보기

高齡化	高齡化	高齡化	

| 233 |

발단

發 端

필발　끝단

문해력 쑥쑥 뉴스를 보면 '이 사건의 발단은'이라는 표현이 나올 때가 있어요. 발(發)은 '피다, 일어나다, 나타나다'를, 단(端)은 '처음, 시초, 실마리, 원인'을 뜻해요. 발단은 **일이 처음으로 벌어짐** 또는 **일이 처음으로 시작됨**을 의미해요. **어떤 일의 계기**를 말하기도 해요.

"두 친구가 같은 여학생을 좋아하게 된 것이 사건의 發端이었다."

"소설의 發端에서 주인공은 신기한 사람을 만나게 됩니다."

실력 쑥쑥 QUIZ

Q. 소설은 보통 다섯 단계로 구성돼요. 각 단계인 ㅂㄷ-ㅈㄱ-ㅇㄱ-ㅈㅈ-ㄱㅁ에 알맞은 단어는 무엇일까요?

관련어 톡톡

중얼거리며 써 보기

發端	發端	發端		

답: 발단, 전개, 위기, 절정, 결말

234

우세

優勢

뛰어날 우 형세 세

문해력 쑥쑥 운동회가 열렸어요. 우리 편이 이기고 있습니다. 우리가 현재 우세한 상황이지요? 우(優)는 '넉넉하다, 뛰어나다'를, 세(勢)는 '형세, 기세'를 뜻해요. 우세는 **상대편보다 힘이나 세력이 강함**을 의미해요. 상대보다 앞서거나 나을 때 사용하는 말이며, 비슷한말로 '우월, 강세'가 있어요.

" 선거 결과를 보니 용철당이 優勢를 보입니다. "

" 이번 경기에서 우리 대표팀의 優勢가 두드러지네요. "

실력 쑥쑥 QUIZ

Q. '우세'의 반대말로 적절한 것은?

① 리드

② 강세

③ 열세

④ 우월

관련어 톡톡

중얼거리며 써 보기

優勢	優勢	優勢		

ⓒ:君

| 235 |

일교차
日 較 差
날 일 견줄 교 다를 차

문해력 쑥쑥 아침에는 춥고 낮에는 덥다면 일교차가 크겠지요? 일(日)은 '날, 해'를, 교(較)는 '견주다, 비교하다'를, 차(差)는 '다르다, 어긋나다'를 뜻해요. 일교차는 **기온, 습도, 기압이 하루 동안에 변화하는 차이**를 말해요. 하루 동안에 관측된 값의 최댓값과 최솟값이라고 할 수 있어요. 1년 동안의 차이라면 연교차가 되는 것이지요.

"日較差가 심할 때는 겉옷을 하나 챙겨 다니자. 그러지 않으면 감기에 걸리기 쉬워."

실력 쑥쑥 QUIZ

Q. 오늘의 '일교차'를 조사해서 적어 봅시다.

최저 기온: ....

최고 기온: ....

관련어 톡톡

중얼거리며 써 보기

日較差	日較差	日較差	

| 236 |

진술
陳 述
베풀 진 펼 술

문해력 쑥쑥 법원이 배경인 드라마, 형사가 등장하는 드라마를 보면 진술이라는 말이 등장하곤 하지요? 진(陳)은 '베풀다, 늘어놓다'를, 술(述)은 '펴다, 서술하다, 말하다'를 뜻해요. 진술은 **일이나 상황에 대하여 자세하게 이야기함**을 의미하지요. 쉽게 말하면 **자세히 말함**이지요. 비슷한말로 '말, 발언, 이야기'가 있어요.

" 피고인의 陳述이 사실과 다릅니다. "

" 陳述에서는 일관성이 중요하지요. "

실력 쑥쑥 QUIZ

Q. '진술'을 국어사전에서 찾으면 법률적인 설명이 나옵니다. 그 의미를 자세히 살펴봅시다.

관련어 톡톡

중얼거리며 써 보기

陳述	陳述	陳述		

| 237 |

타당

妥 當

온당할 타 마땅 당

문해력 쑥쑥 타당은 주로 '타당하다'로 사용되는데 비슷한말이 많아요. '마땅하다, 옳다, 정당하다, 당연하다' 등! 타(妥)는 '온당하다, 마땅하다'를, 당(當)은 '마땅, 마땅하다'를 뜻해요. 타당은 **이치로 보아 옳음, 형편에 맞아 적당함**을 의미해요. 타당한 방법을 선택하거나 타당한 조치를 해야 많은 사람이 동의하고 만족하겠지요?

" 그가 세운 계획이 매우 妥當하다고 생각해. "

" 妥當한 의견을 제시해 주었습니다. "

실력 쑥쑥 QUIZ

Q. '타당하다'와 비슷한말에 모두 O표 하세요.

[마땅하다 옳다 부당하다 당연하다]

관련어 톡톡

중얼거리며 써 보기

妥當	妥當	妥當		

답: 마땅하다, 옳다, 당연하다

| 238 |

성찰

省 察

살필 성 살필 찰

문해력 쑥쑥 어제보다 더 나은 오늘을 살기 위해, 우리는 항상 성찰하는 태도를 가져야 해요. 성(省)은 '살피다, 깨닫다'를, 찰(察)은 '살피다, 알다'를 뜻해요. 성찰은 **자신의 마음이나 일을 반성하며 깊이 살핌**을 의미해요. 비슷한말로 '반성, 자성, 각성'이 있어요.

" 매일 일기를 쓰면 하루의 삶을 省察하게 됩니다. "

" 省察하는 사람의 삶은 크게 발전한다. "

실력 쑥쑥 QUIZ

Q. 오늘 하루 있었던 일 중에서 기억에 남는 일을 떠올려 보고 행동이나 말을 '성찰'해 봅시다.

관련어 톡톡

중얼거리며 써 보기

省察	省察	省察		

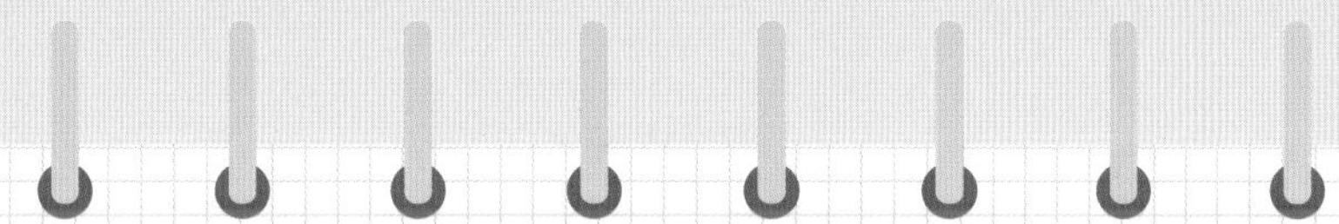

문해력으로 성장하는 우리 ⑧

뉴스 보기

문성우

선생님, 조언해 주신 대로 교과서 어휘부터 공부했더니, 이제 교과서 내용을 이해하기가 쉬워졌어요.

용철쌤

와, 그렇지요? 따라서 어휘를 많이 알면 공부를 잘할 수 있게 돼요.

문성우

공부에서 말고도 평소에도 다양한 어휘를 사용하고 싶은데요. 교과서 어휘 공부 외에 어휘력을 높이기 위한 어떤 방법이 더 있나요?

용철쌤

가장 좋은 방법은 뉴스를 보는 거예요. 뉴스에는 새로운 어휘, 시사용어들이 많이 나오거든요. 뉴스와 기사 어휘에도 관심을 가져 볼까요?

함께 생각하기

뉴스는 영어로 'NEWS'입니다. 'new(새로운)'에 's'가 붙어서 새로운 것들을 뜻하기도 하지만, North, East, West, South의 앞 글자를 뜻하기도 하지요. 사방에서 들어오는 새로운 것들이 바로 뉴스라는 의미예요. 뉴스에 나온 어휘와 용어를 공부하면 배경지식이 풍부해지고, 세상을 보는 눈이 깊고 넓어진답니다.

| 239 |

기원

起 源

일어날 기 근원 원

문해력 쑥쑥 인류의 기원, 생명의 기원! 기원의 뜻은 무엇일까요? 기(起)는 '일어나다, 시작하다, 비롯하다'를, 원(源)은 '근원, 출처'를 뜻해요. 기원은 **사물이 처음으로 생김** 또는 **사물이 발생한 근원**을 의미합니다. **사물, 사건, 현상이 생기게 된 배경이나 원인**을 말하지요. 비슷한말로 '시초, 뿌리, 유래, 근원'이 있어요.

" 이 축제의 起源은 수백 년 전으로 거슬러 올라갑니다. "

" 올림픽의 起源은 고대 그리스입니다. "

실력 쑥쑥 QUIZ

Q. 다음 중 '기원'과 비슷한말이 아닌 것은?

① 뿌리
② 시초
③ 결말

관련어 톡톡

중얼거리며 써 보기

起源	起源	起源		

답: ③

| 240 |

모순

矛 盾

창 모 방패 순

문해력 쑥쑥 동그란 네모, 오래된 미래, 소리 없는 아우성! 말이 되지 않지요? 모(矛)는 '창'을, 순(盾)은 '방패'를 뜻해요. 모순은 **어떤 사실의 앞뒤가 맞지 않음** 또는 **두 사실이 이치상 어긋남**을 의미해요. 이 말은 중국 초나라 때 한 상인이 창과 방패를 팔면서 창은 어떤 방패로도 막지 못하고, 방패는 어떤 창으로도 뚫지 못한다고 말한 데서 유래했어요.

" 절약한다고 말하면서 비싼 명품을 사는 그의 행동은 矛盾이다. "

" 矛盾된 사람은 타인에게 신뢰를 얻지 못해. "

실력 쑥쑥 QUIZ

Q. 주변에서 '모순'된 말을 좀 더 찾아보거나 스스로 만들어 봅시다.

[예시] 차가운 열정.

관련어 톡톡

중얼거리며 써 보기

矛盾	矛盾	矛盾		

| 241 |

무형
無 形
없을 무 모양 형

문해력 쑥쑥 무형이라는 말을 들으면 왠지 '무형 문화재'가 떠오르지요? 무(無)는 '없다, 아니다'를, 형(形)은 '모양, 몸, 육체'를 뜻해요. 무형은 **겉으로 드러나 보이는 형체가 없음**, 즉 **형상, 형체가 없음**을 의미해요. 비슷한말에는 '무체', 반대말에는 '유형'이 있어요.

"그분은 평생 無形문화재를 보존하기 위해 노력하셨다."

"서비스는 無形의 산업입니다."

실력 쑥쑥 QUIZ

Q. 형체는 없지만, 정말 소중하고 가치 있는 것에는 무엇이 있을지 생각해 봅시다.

관련어 톡톡

중얼거리며 써 보기

無形 無形 無形

242

안목
眼 目
눈 안 눈 목

문해력 쑥쑥 사물을 보는 눈, 사람을 보는 눈! 여기에서 '눈'을 다른 말로 안목이라고 해요. 안(眼)은 '눈, 보다'를, 목(目)은 '눈, 요점'을 말해요. 안목은 **사물을 보고 분별하는 능력**을 의미합니다. 즉, **사물의 가치나 품질을 정확하게 평가하고 이해하는 것**을 말하지요. 안목이 높은 사람이 된다면 좋은 선택을 할 수 있어요.

"미술 작품을 보는 그의 眼目은 매우 훌륭하다."

"패션 眼目이 좋은 그 사람은 옷을 잘 고릅니다."

실력 쑥쑥 QUIZ

Q. '안목'은 주로 다른 동사와 결합해 숙어 형태로 많이 쓰여요. 다음 중 안목과 함께 쓰는 동사가 <u>아닌</u> 것은 무엇일까요?

① 좋다 ② 크다 ③ 높다 ④ 기르다

관련어 톡톡

중얼거리며 써 보기

眼目	眼目	眼目		

답: ②

| 243 |

예외

例 外

법식 예(례) 바깥 외

문해력 쑥쑥 일반적인 규칙에서 벗어나는 상황에서 예외라는 말을 사용하지요? 예(例)는 '규칙, 규정, 법식'을, 외(外)는 '바깥, 밖'을 뜻해요. 예외는 **일반적인 규칙, 법칙, 기준, 패턴에서 벗어나는 특별한 경우**를 의미해요. 즉, **정해진 규칙에서 벗어남**을 말하지요. 친구를 사귈 때는 예외를 두지 말고 두루두루 친하게 지냅시다.

" 법은 모두에게 공정하고 공평해야 하며, 例外가 있어서는 안 됩니다. "

실력 쑥쑥 QUIZ

Q. '예외'와 비슷한말로 '격외, 파격'이 있어요. 각각의 뜻을 국어사전에서 찾아봅시다.

격외: ....

파격: ....

관련어 톡톡

중얼거리며 써 보기

例外	例外	例外		

| 244 |

외교

外交

바깥 외 사귈 교

문해력 쑥쑥 학생들에게 장래 희망을 물어보면 종종 외교관이라는 답이 나오곤 합니다. 외(外)는 '밖, 바깥'을, 교(交)는 '사귀다, 오가다'를 뜻해요. 외교는 **다른 나라와 맺는 정치적, 경제적, 문화적 관계로 나라 사이에 생기는 일을 처리하는 것**을 의미해요. 외교 활동에는 대사관 운영, 회담, 조약 체결 등이 포함됩니다.

" 두 나라 사이에 外交 문제가 발생했습니다. "

" 그는 外交 전문가로서 뛰어난 협상 능력을 갖추고 있어. "

실력 쑥쑥 QUIZ

Q. '외교'와 비슷한말에 모두 O표 하세요.

[외무 내정 수교 국교]

관련어 톡톡

중얼거리며 써 보기

外交	外交	外交		

답: 외무, 수교, 국교

| 245 |

요인

要因

요긴할 요 인할 인

문해력 쑥쑥 성공의 주요 요인은 무엇일까요? 성실, 노력, 열정, 창의성 등이지요. '주요 요인'에서 요인은 무슨 뜻일까요? 요(要)는 '중요하다, 요구하다'를, 인(因)은 '인하다, 까닭'을 뜻해요. 요인은 **중요한 원인** 또는 **까닭이나 조건이 되는 요소**를 말하지요. 비슷한말로 '까닭, 동기, 근거'가 있어요.

“ 기후 변화의 주된 要因은 온실가스 배출이라고 해요. ”

“ 스트레스는 건강을 나쁘게 하는 要因입니다. ”

실력 쑥쑥 QUIZ

Q. '요인'과 비슷한말에 모두 O표 하세요.

[까닭 결과 근거 동기]

관련어 톡톡

중얼거리며 써 보기

要因	要因	要因		

답: 까닭, 근거, 동기

| 246 |

인과

因 果

인할 인 실과 과

문해력 쑥쑥 '과식했다. 소화제를 먹었다.' 과식이라는 원인 때문에 약을 먹게 된 결과가 생겼군요. 이런 상황을 인과라고 해요. 인(因)은 '인하다, 말미암다, 유래'를, 과(果)는 '실과, 열매, 결과'를 뜻해요. 즉, 인과는 **원인과 결과**를 의미합니다. 인과관계를 잘 파악할 수 있으면 문제의 원인을 발견하고 해결하는 능력도 키울 수 있어요.

“ 건강한 습관과 오래 사는 것에는 因果 관계가 있다. ”

“ 因果관계를 파악하면 사건의 진실에 쉽게 접근할 수 있어요. ”

실력 쑥쑥 QUIZ

Q. '인과'의 예시를 만들어 봅시다.

원인: ....

⇩

결과: ....

관련어 톡톡

중얼거리며 써 보기

因果	因果	因果		

| 247 |

인용

引 用

끌 인 쓸 용

문해력 쑥쑥 선생님께서 수업 중에 유명한 격언이나 명언을 인용하시는 때가 있지요. 인(引)은 '끌다, 끌어당기다'를, 용(用)은 '쓰다, 부리다'를 뜻해요. 인용은 **남의 말이나 글을 자신의 말이나 글 속에서 필요한 부분을 가져다 씀**을 뜻해요. 인용할 때는 정보의 출처를 밝히고 저작권을 존중해야 한다는 점을 명심하세요.

" 이 책에는 여러 학자의 연구 논문을 引用하였습니다. "

" 引用할 때는 출처를 정확히 밝혀야 합니다. "

실력 쑥쑥 QUIZ

Q. 다른 사람의 책을 '인용'할 때 어떤 요소를 적어야 하는지 인터넷에서 찾아봅시다.

[예시] 제목, 발행 연도 등.

관련어 톡톡

중얼거리며 써 보기

引用	引用	引用		

| 248 |

조합

組 合

짤 조 합할 합

문해력 쑥쑥 그림을 그릴 때 다양한 색상의 물감을 조합하면 특이한 색이 나오지요? 요리할 때 소금, 설탕, 고추장 등을 조합하여 양념을 만들기도 해요. 조(組)는 '짜다, 조직하다'를, 합(合)은 '합하다, 모으다'를 뜻해요. 조합은 **여럿을 한데 모아 한 덩어리로 짜는 것**을 의미합니다. 조합은 수학과 사회 시간에도 등장하는 용어예요.

" 숫자의 組合이 어떻게 이루어졌는지 살펴보며 수학 문제를 풀었어. "

" 옷을 잘 입으려면 색을 잘 組合해야 해. "

실력 쑥쑥 QUIZ

Q. 음악, 미술, 수학, 과학 등을 배우면서 '조합'을 적용한 사례를 이야기해 봅시다.

관련어 톡톡

중얼거리며 써 보기

組合	組合	組合		

| 249 |

지지

支 持

지탱할 지 가질 지

문해력 쑥쑥 나무가 기울어져 있네요. 지지대를 세워 주어야겠어요. 동아리 친구들이 제로웨이스트 운동을 하고 있네요. 지지해 주고 싶어요. 지(支)는 '지탱하다, 버티다'를, 지(持)는 '가지다, 버티다'를 뜻해요. 지지는 **무거운 물건을 받치거나 버팀**을 의미해요. 또한 **개인, 단체의 정책, 의견에 찬성하여 이를 돕는 것**을 말하기도 하지요.

" 압도적인 支持를 받은 정책이 선정되었다. "

" 선반을 튼튼하게 支持해 줄 나무가 필요해. "

실력 쑥쑥 QUIZ

Q. '지지'와 비슷한말에 모두 O표 하세요.

[뒷받침 반대 응원 지탱 중용]

관련어 톡톡

중얼거리며 써 보기

支持	支持	支持		

답: 뒷받침, 응원, 지탱

| 250 |

직후

直後

곧을 직 뒤 후

문해력 쑥쑥 여러분은 아침에 일어난 직후에 바로 무엇을 하나요? 부모님께 인사, 세수 또는 카톡 확인? 직(直)은 '곧다, 굳세다'를, 후(後)는 '뒤, 늦다'를 뜻해요. 직후는 **어떤 일이 있고 난 바로 다음**을 의미하지요. 특정한 사건 뒤에 곧바로 일어나는 다른 사건을 설명할 때 주로 사용해요. 반대말로는 '직전'이 있어요.

" 사건 直後에 바로 경찰이 출동했습니다. "

" 수업이 끝난 直後에 친구들과 축구를 했어. "

실력 쑥쑥 QUIZ

Q. 초성 단서를 보고 '직후'의 반대말을 적어 봅시다.

직후 ⇔ ㅈㅈ

관련어 톡톡

중얼거리며 써 보기

直後	直後	直後		

답: 직전

251

초과

超 過

뒤어넘을 초 지날 과

문해력 쑥쑥 친구들과 우르르 엘리베이터를 탔어요. 갑자기 '삐~' 소리가 납니다. 정원 초과라고 뜨네요. 초(超)는 '넘다, 뛰어넘다, 뛰어나다'를, 과(過)는 '지나다, 초월하다'를 뜻해요. 초과는 **일정한 한도를 넘음**을 의미합니다. 계획한 것이나 기대한 것보다 더 큰 상황에서 사용해요. 비슷한말로 '과잉', 반대말로 '미달, 미만'이 있어요.

" 예산을 超過하여 갖고 싶은 옷을 못 샀어. "

" 수에서 超過란 수량이 범위에 포함되지 않고 그 위인 경우입니다. "

실력 쑥쑥 QUIZ

Q. '초과'의 반대말에 O표 하세요.

[과중 미만 미달]

관련어 톡톡

중얼거리며 써 보기

超過	超過	超過		

답: 미만, 미달

| 252 |

합리

合 理

합할 합 다스릴 리

문해력 쑥쑥 언제나 합리적인 선택이나 결정을 하는 학생이 되어야겠지요? 설마 불합리한 것을 좋아하지는 않겠지요? 합(合)은 '합하다, 모으다, 맞다'를, 리(理)는 '다스리다, 깨닫다, 사리'를 뜻해요. 합리는 **주장, 행동이 이론이나 이치에 합당함**을 의미해요. **논리적으로 맞다, 이치에 합당하다**고 생각하면 되겠어요.

" 돈을 쓸 때는 잘 판단하며 合理적인 소비를 해야 한다. "

" 문제를 해결하기 위해 合理적인 판단을 합시다. "

실력 쑥쑥 QUIZ

Q. 초성 단서를 보고 '합리'의 반대말을 적어 봅시다.

합리 ⇔ ㅂㅎㄹ

관련어 톡톡

중얼거리며 써 보기

合理	合理	合理		

답: 불합리

| 253 |

가설

假說

거짓 가 말씀 설

문해력 쑥쑥 한자를 풀어 보면 '거짓 말씀'이라는 뜻이네요. 뜻으로는 부정적인 느낌이지만 가정은 학문을 발전시키는 중요한 방법이에요. 가(假)는 '거짓, 임시, 일시'를, 설(說)은 '말씀, 말, 이야기하다'를 뜻해요. 가설은 **어떤 사실을 설명하기 위해 임시로 세운 이론**으로 **관찰, 실험을 통해 검증되기 전의 잠정적인 추측**이라고 보면 되겠어요.

" 이번 假說을 검증해 보고자 합니다. "

" 그 과학자가 자신의 假說을 증명해서 노벨상을 받게 되었어. "

실력 쑥쑥 QUIZ

Q. '가설'과 비슷한말에 모두 O표 하세요.

[가정 확증 편향 결과]

중얼거리며 써 보기

假說	假說	假說		

답: 가정

| 254 |

가정

假定

거짓 가 정할 정

문해력 쑥쑥 '만약'이라는 말을 사용해 본 적이 있지요? 그렇다면 가정의 의미를 쉽게 파악할 수 있어요. 가(假)는 '거짓, 가짜, 임시'를, 정(定)은 '정하다, 약속하다'를 뜻해요. 가정은 **사실이 아니거나 또는 사실인지 아닌지 분명하지 않은 것을 임시로 인정함**을 의미해요. 또한 **결론을 내리기 전에 임시로 설정하는 것**을 말하기도 하지요.

" 그 행성에 생물체가 있다는 假定을 세워 봅시다. "

" 항상 만약이라는 假定을 세워서 계획을 짜야 해. "

실력 쑥쑥 QUIZ

Q. '만약에 내가 ○○○라면' 이라는 '가정'을 상상해 봅시다. 어떤 내용을 넣을 수 있을까요?

[예시] 만약에 내가 백만장자라면 불쌍한 이웃을 도울 거야.

관련어 톡톡

중얼거리며 써 보기

假定	假定	假定		

| 255 |

검토

檢討

검사할 검 칠 토

문해력 쑥쑥 문제를 풀고 나서는 시험지를 검토해 보면 좋겠지요? 글을 쓰고 다시 검토하면 고치고 싶은 부분이 있겠지요? 검(檢)은 '검사하다, 조사하다'를, 토(討)는 '치다, 공격하다, 다스리다'를 뜻해요. 검토는 **사실, 의견, 내용을 찬찬히 살피거나 잘 따져 보는 것**을 의미합니다. 검토를 하면 오류를 찾아내고 더 정확한 내용을 쓸 수 있어요.

" 수행평가 보고서를 내기 전에 함께 檢討해 보자. "

" 정확한 결과를 내려면 면밀하게 檢討해 봐야 해. "

실력 쑥쑥 QUIZ

Q. 문제 풀이, 글쓰기 등에서 '검토'를 통해 오류를 찾았던 경험을 생각해 봅시다.

관련어 톡톡

중얼거리며 써 보기

檢討	檢討	檢討		

256

견문

見 聞

볼 견 들을 문

문해력 쑥쑥 여행의 맛은 보는 재미, 먹는 재미, 사는 재미라는 말을 들어 본 적이 있나요? 선생님은 여행의 참맛은 보고 듣는 재미라고 생각해요. 견(見)은 '보다, 생각해 보다'를, 문(聞)은 '듣다, 알다'를 뜻해요. 견문은 한자어 그대로 **보고 들음** 또는 **보고 들어 깨달은 지식**을 말하지요. 견문은 생각과 지식을 넓히는 데 중요한 역할을 합니다.

" 기행문의 3요소는 여정, 見聞, 감상이다. "

" 이번 수학여행의 목표는 見聞을 넓히는 것! "

실력 쑥쑥 QUIZ

Q. '견문'과 비슷한말에 모두 O표 하세요.

[식견 학식 감상]

관련어 톡톡

중얼거리며 써 보기

見聞 見聞 見聞

답: 식견, 학식

| 257 |

근원

根源

뿌리 근 근원 원

문해력 쑥쑥 '시초, 원천, 근본'과 비슷한말이 있어요. 바로 근원입니다. 근(根)은 '뿌리, 근본'을, 원(源)은 '근원, 기원'을 뜻해요. 근원은 **사물이 비롯되는 근본, 원인, 본바탕**을 의미해요. 쉽게 말하면 출발점이지요. 한자어를 풀어 보면 **물줄기가 흘러나오기 시작하는 곳**을 말하기도 해요.

" 문제의 根源을 찾으면 해결할 방법을 알아낼 수 있어요. "

" 우주의 根源을 탐구하기 위한 인간의 노력이 계속되고 있다. "

실력 쑥쑥 QUIZ

Q. 다음 중 '근원'과 비슷한말이 아닌 것은?

① 원천

② 절정

③ 뿌리

④ 근본

관련어 톡톡

중얼거리며 써 보기

根源	根源	根源		

답: ②

| 258 |

다의어
多義語
맞을 다 옳을 의 말씀 어

문해력 쑥쑥 '다리'라는 말은 사람이나 짐승의 다리이기도 하지만, 의미를 넓히면 책상다리처럼 물건의 아랫부분을 가리키기도 해요. 이런 말을 다의어라고 해요. 다(多)는 '많다, 겹치다'를, 의(義)는 '옳다, 맺다'를, 어(語)는 '말씀, 말'을 뜻해요. **두 가지 이상의 뜻을 가진 단어, 여러 가지 뜻을 가진 낱말**을 의미하지요.

"국어사전을 찾으면 낱말의 기본 뜻과 확장된 뜻이 나오는데, 이런 것이 바로 多義語야."

실력 쑥쑥 QUIZ

Q. '동음이의어'는 소리는 같은데 뜻이 다른 말입니다. '배'가 과일, 운송 수단, 신체 일부를 뜻하는 경우입니다. 또 다른 동음이의어는 뭐가 있을까요?

관련어 톡톡

중얼거리며 써 보기

多義語	多義語	多義語	

| 259 |

병행
竝 行
나란히 병 다닐 행

문해력 쑥쑥 건강한 식단과 성실한 운동을 병행하면 다이어트에 도움이 되겠지요? 병(竝)은 '나란히, 모두, 함께하다'를, 행(行)은 '다니다, 가다, 걷다'를 뜻해요. 병행은 **두 가지 이상의 일을 한꺼번에 행함**, 한자 뜻 그대로는 **나란히 함께 가는 것**을 말하지요. **여러 작업을 동시에 하거나 다른 목적의 것을 함께한다는 의미**로 생각해 봅시다.

" 공부와 아르바이트를 竝行하는 학생입니다. "

" 영희는 영어 공부와 중국어 공부를 竝行하고 있다. "

실력 쑥쑥 QUIZ

Q. '병행'과 비슷한말로 병립, 겸행이 있습니다. 그 뜻을 사전에서 찾아봅시다.

병립: ....

겸행: ....

관련어 톡톡

중얼거리며 써 보기

竝行	竝行	竝行		

| 260 |

보도

報 道

알릴 보 길 도

문해력 쑥쑥 뉴스를 보면 보도 기사라는 말이 나옵니다. 기관에서는 보도 자료를 발표하기도 하지요. 보(報)는 '알리다, 알림'을, 도(道)는 '길, 방법, 이치'를 뜻해요. 보도는 **신문, 방송과 같은 미디어로 새로운 소식을 널리 알리는 것**을 의미합니다. **대중 매체를 통해 사람들에게 알리는 소식**이라고 생각하면 되겠어요. 보도는 신속하고 정확해야겠지요?

" 인터넷에서 뉴스가 실시간으로 報道되고 있습니다. "

" 그 報道는 잘못된 정보를 전달한 오보로 밝혀졌다. "

실력 쑥쑥 QUIZ

Q. 최근에 보거나 들었던 뉴스 중에서 기억에 남는 것을 간단히 적어 봅시다.

관련어 톡톡

중얼거리며 써 보기

報道	報道	報道		

| 261 |

분별

分 別

나눌 분 나눌 별

문해력 쑥쑥 요즘은 가짜 뉴스, 가짜 정보가 많지요? 그래서 진짜와 가짜를 잘 분별하는 능력이 필요해요. 분(分)은 '나누다, 구별하다'를, 별(別)은 '나누다, 헤어지다, 다르다'를 뜻해요. 분별은 **사리에 맞도록 헤아려 판단함, 세상에 대한 바른 생각이나 판단**을 말하지요. 또한 **서로 다른 종류의 사물을 나누어 가른다**는 뜻도 있어요.

" 중요한 것과 그렇지 않은 것을 分別하는 능력이 중요해. "

" 떠도는 소문을 分別력 없이 믿지 말자. "

실력 쑥쑥 QUIZ

Q. '분별'과 비슷한말에 모두 O표 하세요.

[구별 단결 종합]

관련어 톡톡

중얼거리며 써 보기

分別	分別	分別		

답: 구별

| 262 |

비례

比 例

견줄 비 법식 례

문해력 쑥쑥 수학 시간이나 미술 시간에 '비례'라는 말을 들어 본 적이 있나요? 비(比)는 '견주다, 나란히 하다'를, 례(例)는 '규칙, 예, 사례'를 말해요. 비례는 **한쪽의 양이나 수가 증가하면 관련 있는 다른 쪽의 양이나 수가 증가하는 것**을 의미해요. **한쪽이 두 배가 되면 다른 쪽도 두 배가 되는 관계**를 말하기도 하지요.

" 상품은 가격과 품질이 比例해야 하는 것이 기본입니다. "

" 체중은 칼로리 섭취량과 比例해. "

실력 쑥쑥 QUIZ

Q. 수학 시간이나 미술 시간에 '비례'를 배운 기억이나 경험을 써 봅시다.

관련어 톡톡

중얼거리며 써 보기

比 例	比 例	比 例		

| 263 |

비율

比 率

견줄 비 비율 율(률)

문해력 쑥쑥 요리할 때는 재료의 비율을 잘 맞추어야 해요. 과학 실험을 할 때도 물질의 비율을 잘 생각해야겠지요. 비(比)는 '견주다, 본뜨다'를, 율(率)은 '율, 비율'을 뜻해요. 비율은 수학 시간에 자주 나오는 용어인데, **다른 수나 양에 대한 어떤 수나 양의 비(比)**를 의미하지요. 일반적으로 '○ 대 ◇', '○:◇' 형태로 표시하기도 해요.

" 부모님은 커피를 탈 때 커피와 설탕의 比率을 중요하게 생각하셔. "

" 인구에서 노령층의 比率이 점점 증가하고 있습니다. "

실력 쑥쑥 QUIZ

Q. 자신 있게 할 수 있는 요리가 있나요? 재료의 '비율'은 어떤지 설명해 볼까요?

관련어 톡톡

중얼거리며 써 보기

比率 比率 比率

| 264 |

비판

批 判

비평할 비 판단할 판

문해력 쑥쑥 비판과 비난의 차이를 알고 있나요? 비난은 남의 잘못이나 결점을 나쁘게 말하는 부정적인 용어입니다. 비(批)는 '비평하다, 평하다, 바로잡다'를, 판(判)은 '판단하다, 판결하다'를 뜻해요. 즉, 비판은 **옳고 그름을 가려 평가하고 판정함**을 뜻해요. 그보다는 **근거를 바탕으로 평가하고 합리적으로 생각하는 것**을 말하지요.

" 건설적인 批判이 우리 사회를 발전시킵니다. "

" 批判적인 사고를 해야 진실을 만날 수 있어요. "

실력 쑥쑥 QUIZ

Q. '비판'과 비슷한말에 모두 O표 하세요.

[판단 평가 비평 결과 좌절]

관련어 톡톡

중얼거리며 써 보기

批判	批判	批判		

답: 판단, 평가, 비평

| 265 |

소요

所 要

바 소 요긴할 요

문해력 쑥쑥 서울에서 KTX를 타고 부산으로 여행을 갈 때 소요되는 시간은 얼마일까요? 소요 예산은 얼마나 들까요? 소(所)는 '바, 것, 일정한 곳'을, 요(要)는 '요긴하다, 요구하다, 원하다'를 뜻해요. 소요는 **필요한 것, 요구되는 바**를 의미하지요. 즉, 어떤 일을 할 때 필요한 것이라고 생각하면 되겠어요.

"수행평가를 마무리하는 데 꽤 시간이 所要될 것 같아."

"폭우 피해를 복구하는 작업에 비용이 많이 所要됩니다."

실력 쑥쑥 QUIZ

Q. 어떤 계획을 세울 때는 '소요 ○○'를 예측해야 합니다. ○○에 들어갈 말은 뭐가 있을까요?

[예시] 소요 인원, 소요 기간 등.

관련어 톡톡

줄얼거리며 써 보기

所要	所要	所要		

266

수용

受容

받을 수 얼굴 용

문해력 쑥쑥 국어사전에 '수용'이라는 어휘를 검색하면 여러 뜻을 가진 다른 말이 나온답니다. 수(受)는 '받다, 받아들이다, 얻다'를, 용(容)은 '얼굴, 모양, 모습'을 뜻해요. 수용은 **어떠한 것을 받아들임**, 즉 **남의 요청, 제안을 받아들여서 자기 것으로 삼는 것**을 말하지요. 수용하기 위해서는 열린 마음과 상대방을 존중하는 태도가 중요하겠지요?

" 새로운 문물을 受容하고자 하는 노력을 기울였어. "

" 고객의 불만을 受容하여 문제를 해결해 봅시다. "

실력 쑥쑥 QUIZ

Q. 자신이 생각지 않았던 무언가를 '수용'한 경험을 떠올려 짧은 문장을 만들어 봅시다.

관련어 톡톡

중얼거리며 써 보기

受容	受容	受容		

| 267 |

시점
時 點
때시 점점

문해력 쑥쑥 이 시점에서 얼마나 어휘 공부를 했는지 점검해 볼까요? 꾸준히 공부했더니 실력이 쑥쑥 쌓였군요. 시(時)는 '때, 때에'를, 점(點)은 '점, 측면, 시간 단위'를 뜻해요. 시점은 **시간의 흐름 위의 어느 한순간**을 의미해요. **시간상의 특정한 순간**을 말하는 것이지요. 매 순간, 매 시점이 중요하다는 사실을 꼭 기억하세요.

" 이 時點에서 우리는 미래를 많이 생각해야 해. "

" 친구야, 지금은 그 이야기를 할 時點이 아니지. "

실력 쑥쑥 QUIZ

Q. '시점'과 비슷한말에 모두 O표 하세요.

[순간 영원 때 무지 찰나]

관련어 톡톡

중얼거리며 써 보기

時點	時點	時點		

답: 순간, 때, 찰나

| 268 |

심화

深 化

깊을 심 될 화

문해력 쑥쑥 이 정도까지 공부하고 나니 어휘력이 왠지 깊어지고 강해지는 느낌이 듭니다. 심(深)은 '깊다, 깊어지다, 심하다', 화(化)는 '되다, 변하다'를 뜻해요. 심화는 **정도가 차차 깊어짐**을 의미합니다. 심화는 단순히 양이 늘어난다는 것보다는 주로 **깊이 이해하고 전문성이 높아진다**는 의미로 사용되곤 해요.

"환경 문제가 점점 深化되고 있습니다."

"이 책은 과학 지식을 深化하는 데 도움을 줘요."

실력 쑥쑥 QUIZ

Q. '기본, 심화'라는 어휘가 서로 어떻게 다른지 설명해 봅시다.

기본: ....

심화: ....

관련어 톡톡

중얼거리며 써 보기

深化	深化	深化		

269

원형

原 型

근원 원 모형 형

문해력 쑥쑥 '원형'이라고 하면 어려운 느낌이지만, '본바탕'이라고 하면 이해가 잘 되지요?(동그라미라는 뜻은 아닙니다^^) 원(原)은 '근원, 근본, 원래'를, 형(型)은 '모범, 모형, 본보기'를 뜻해요. 원형은 **비슷한 여러 가지가 만들어져 나온 본바탕**을 의미해요. 한자 그대로 근원이 되는 모형 또는 여러 가지 것들의 본바탕! 이렇게 생각하면 되겠어요.

" 이 건축물은 나중에 만들어진 여러 건축물의 原型이 되었습니다. "

" 이 요리는 재료의 原型을 살린 것이 특징입니다. "

실력 쑥쑥 QUIZ

Q. '원형'의 비슷한말로 '본바탕, 본보기, 본'이 있습니다. 사전에서 뜻을 확인해 봅시다.

본바탕: ....

본보기: ....

본 : ....

관련어 톡톡

중얼거리며 써 보기

原 型	原 型	原 型		

270

의의

意 義

뜻 의 옳을 의

문해력 쑥쑥 발음부터 쉽지 않은 의의! 참고로 발음은 [의의], [의이]로 모두 가능해요. 앞의 '의'는 조금 길게 발음하지요. 의(意)는 '뜻, 의미, 생각'을, 의(義)는 '옳다, 바르다, 의롭다'를 뜻해요. 의의는 **사물, 행동, 일이 지니는 가치나 중요성**을 의미합니다. 의의를 파악한다는 것은 그것이 중요한 이유, 결론, 교훈을 찾는다는 말이에요.

" 이번 사건이 갖는 역사적 意義에 주목해야 합니다. "

" 이 작품의 意義를 생각해 봅시다. "

실력 쑥쑥 QUIZ

Q. '의의'와 비슷한말에 모두 O표 하세요.

[뜻 중요성 진가 값어치]

관련어 톡톡

중얼거리며 써 보기

意義	意義	意義		

답: 모두

271

이윤

利潤

이로울 이(리) **불을** 윤

문해력 쑥쑥 장사를 하는 이유는? 사업을 하는 이유는? 돈을 벌기 위해서, 다른 말로 이윤을 얻기 위해서지요. 이(利)는 '이롭다, 유익하다'를, 윤(潤)은 '불다, 적시다'를 뜻해요. 이윤은 **장사하여 남은 돈**을 말해요. **기업에서 얻는 이익**을 말하기도 하고요. '이윤을 얻다, 이윤을 창출하다'라는 표현으로 자주 사용됩니다.

" 마라탕과 탕후루 가게로 그는 큰 利潤을 남겼다. "

" 利潤이 남지 않는다면 장사가 아니다. "

실력 쑥쑥 QUIZ

Q. '이윤'은 다양한 동사와 함께 관용 표현으로 쓰입니다. 다음 중 이윤과 어울리지 않는 동사는 무엇일까요?

① 남다 ② 가다 ③ 없다 ④ 얻다

관련어 톡톡

중얼거리며 써 보기

利潤	利潤	利潤		

답: ②

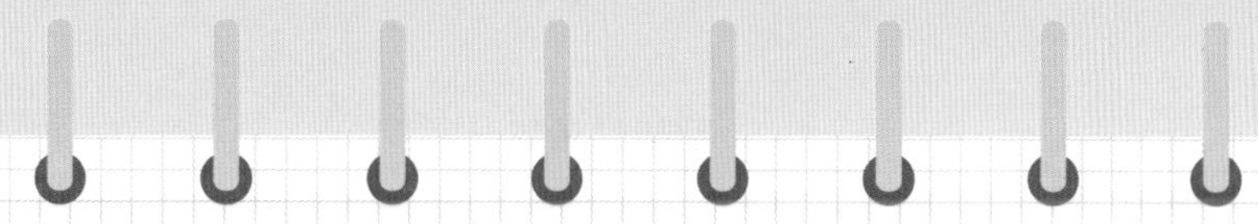

문해력으로 성장하는 우리 ⑨

한자와 어휘력

문성우

선생님! 어휘 공부를 하다 보니
한자가 참 많이 나온다는 것을 깨달았어요.

용철쌤

맞아요. 국어사전에 실린 단어 중에서 약 70퍼센트에
가까운 단어가 한자어로 되어 있다고 하지요.
한글 옆을 보면 괄호 안에 한자가 표시되어 있어요.

문성우

맞아요. 그래서 한자의 뜻을 알면 자연스럽게
단어의 뜻을 알게 되는 경우가 많더라고요.

용철쌤

와, 그런 것도 스스로 깨우치다니,
성우가 정말 많이 성장했네요.

함께 생각하기

국어사전을 보면 한글 옆에 한자로 표시된 단어가 많지요? 한자의 뜻을 알면 단어의 뜻이 쉽게 파악되는 경우가 많아요. 공감대(共感帶)-함께 공, 느낄 감, 띠 대-아하 함께 느끼는 것이구나. 양수(兩手)냄비-양쪽 손으로 잡는 즉 손잡이가 두 개인 냄비구나. 어떤가요? 쉽지요?

| 272 |

이의

異 議

다를 이(리) 의논할 의

문해력 쑥쑥 법정 드라마나 영화를 보면 다른 의견이 있을 때 이렇게 외치지요? "이의 있습니다!" 이(異)는 '다르다, 달리하다'를, 의(議)는 '의논하다, 의견'을 뜻해요. 이의는 **다른 의견이나 논의**로, **남과 주장을 다르게 할 때 사용**하지요. 더 나은 결정, 좋은 판단을 하기 위해 이의에도 귀를 기울여 봅시다.

" 별다른 異議가 없으면 다음 안건을 논의하겠습니다. "

" 심판의 잘못된 판정에 異議를 제기했어. "

실력 쑥쑥 QUIZ

Q. 최근에 다른 사람의 생각이나 주장에 '이의'를 제기하고 싶었던 경험을 이야기해 봅시다.

관련어 톡톡

중얼거리며 써 보기

異議	異議	異議		

| 273 |

인위적

人 爲 的

사람 인 할 위 과녁 적

문해력 쑥쑥 자연적으로 생긴 호수가 있는가 하면, 사람들이 만든 호수도 있지요? 이럴 때 자연적, 천연적이라는 말과 대비되는 말을 써요. 인(人)은 '사람, 인간'을, 위(爲)는 '하다, 만들다'를, 적(的)은 '과녁, 목표'를 뜻해요. 인위적은 **자연의 힘이 아닌 사람의 힘으로 이루어지는 것**을 말합니다.

"그 폭포는 人爲的으로 만든 인공 폭포야."

"人爲的인 조명보다는 자연 빛이 더 좋아요."

실력 쑥쑥 QUIZ

Q. '인위적'과 비슷한말, 반대말을 구분하세요.

[자연적 인공적 작위적 천연적]

비슷한말: .... 반대말: ....

관련어 톡톡

중얼거리며 써 보기

人爲的	人爲的	人爲的	

답: 비슷한말(인공적, 작위적), 반대말(자연적, 천연적)

| 274 |

자립

自 立

스스로 자 설 립

문해력 쑥쑥 자신의 힘으로 무엇인가를 해낸 경험이 있나요? 스스로 했다는 성취감을 느낀 사례가 있나요? 자(自)는 '스스로, 자기'를, 립(立)은 '서다, 이루어지다, 임하다'를 뜻해요. 자립은 **다른 사람에게 의지하지 않고 스스로 서는 것**을 의미합니다. 의존하지 않고 도움을 받지 않는 것! 이제 조금씩 이런 체험을 늘려야겠지요?

> "삼촌은 부모님의 도움을 받지 않고 自立하기 위해 열심히 아르바이트를 한다."

실력 쑥쑥 QUIZ

Q. '자립'과 비슷한말에 모두 O표 하세요.

[부담 독립 자치 자율 의존]

관련어 톡톡

중얼거리며 써 보기

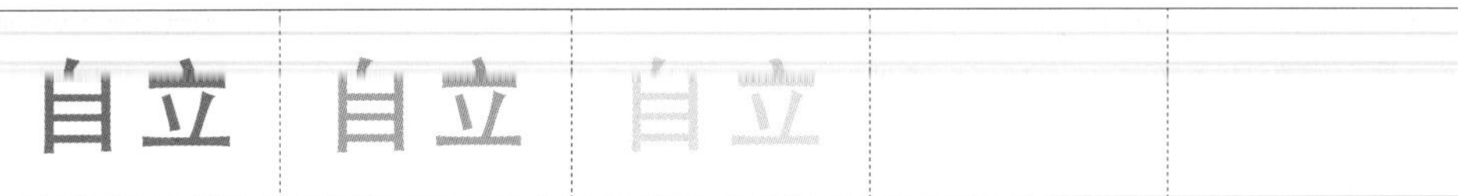

답: 독립, 자치, 자율

| 275 |

자발

自 發

스스로 자 필 발

문해력 쑥쑥 어휘 공부를 스스로 하고 있나요? 누군가 권유하거나 시켜서 하고 있나요? 공부는 자발적으로 해야 좋은 성과가 나지요. 자(自)는 '스스로, 몸소, 자기'를, 발(發)은 '피다, 쏘다, 일어나다'를 뜻해요. 자발은 **자기가 스스로 행동함**, 즉 **남이 시키지 않고 하는 자신의 의지**입니다. 비슷한말로 '자율, 자주, 능동'이 있어요.

"개학이 얼마 남지 않았어. 自發적으로 일어나는 습관을 지녀야 해."

"봉사활동은 自發적인 마음으로 참여해야 합니다."

실력 쑥쑥 QUIZ

Q. '자발'적으로 무언가를 해서 성취한 경험이 있나요? 곰곰이 생각하고 써 봅시다.

[예시] 방학 때 아침마다 영어 공부를 했다.

관련어 톡톡

중얼거리며 써 보기

自發	自發	自發		

| 276 |

전문

專 門

오로지 전　문 문

문해력 쑥쑥 무슨 일이든 성공하기 위해서는 특정 한 분야의 전문가가 되어야 해요. 전(專)은 '오로지, 홀로'를, 문(門)은 '문, 전문, 방법'을 뜻해요. 전문은 **어떤 분야에 지식과 경험을 갖고 그 일을 맡은 경우**를 의미해요. 비슷한말로 '전공'이 있지요. 여러분도 특정 분야의 전문가가 되기 위해 많은 노력을 기울였으면 좋겠어요.

“ 그 형사님의 專門 분야는 범죄 심리 수사입니다. ”

“ 이 문제는 專門가의 도움이 필요합니다. ”

실력 쑥쑥 QUIZ

Q. 여러분의 장래 희망은 무엇인가요? 고등학교 혹은 대학교에서 공부하고 싶은 '전문' 분야를 적어 봅시다.

관련어 톡톡

중얼거리며 써 보기

專門	專門	專門		

| 277 |

전용
專用
오로지 전 쓸 용

문해력 쑥쑥 영화를 보면 엄청난 부를 갖춘 주인공이 전용기를 타고, 전용 주차장에 차를 대고, 전용 수영장에서 수영하는 모습을 본 적이 있지요? 전(專)은 '오로지, 마음대로, 홀로'를, 용(用)은 '쓰다, 부리다'를 뜻해요. 전용은 **남과 함께 쓰지 아니하고 혼자서만 씀**을 의미하지요. 한자 그대로 **오로지 홀로 쓰는 것**이에요.

" 학생 專用 스터디 카페를 만들었습니다. "

" 이번에 에버랜드에 어린이 專用 놀이기구가 새로 생겼대. "

실력 쑥쑥 QUIZ

Q. '전용'의 반대말로 '겸용, 공용'이 있습니다. 각각의 뜻을 찾아봅시다.

겸용: ....

공용: ....

관련어 톡톡

중얼거리며 써 보기

專用	專用	專用		

278

절정

絶 頂

끊을 절 정수리 정

문해력 쑥쑥 드라마를 보다 보면 막 재밌어지려는 순간 끝날 때가 있지요? 소설에서는 흥미진진한 부분을 절정에 이르렀다고 표현해요. 절(絶)은 '끊다, 막다'를, 정(頂)은 '정수리, 꼭대기'를 뜻해요. 절정은 한자 뜻 그대로 **정수리에서 끊은 상태**, 즉 **진행이나 발전이 최고의 경지에 달한 상태**를 의미해요. 작품에서는 **갈등이 최고에 이른 단계**를 말하지요.

" 인기 絶頂의 아이돌을 모셨습니다. "

" 소설의 갈등이 위기를 지나 絶頂에 다다랐습니다. "

실력 쑥쑥 QUIZ

Q. '절정'을 영어로 표현하면 무엇일까요? 다음 초성을 보고 추측해 보세요.

ㅋㄹㅇㅁㅅ

관련어 톡톡

중얼거리며 써 보기

絶頂	絶頂	絶頂		

답: 클라이맥스

| 279 |

정립

正 立

바를 정 설 립

문해력 쏙쏙 정(正)은 '바르다, 바로잡다'를, 립(立)은 '서다, 확고히 서다'를 뜻해요. 정립은 여러 가지 뜻을 가진 어휘지만, 여러분은 특히 두 가지 의미를 구분하여 이해합시다. 첫째는 '목표를 정립, 추진 방향 정립'과 같이 **정하여 세운다는 의미**가 있어요. 둘째는 **바로 세움**을 뜻하는 정립이 있습니다. 잘 기억하고 마음속에 어휘력을 정립합시다.

" 왜곡된 역사를 바르게 正立해야 한다. "

" 노동자와 사용자의 올바른 관계를 正立합시다. "

실력 쑥쑥 QUIZ

Q. 지금 나의 생활에서 새롭게 '정립'해야 할 부분이 있는지 살펴봅시다.

[예시] 친구들과의 갈등 상황을 해결하고 관계를 정립한다.

관련어 톡톡

중얼거리며 써 보기

正立	正立	正立		

| 280 |

제외
除 外
덜 제 바깥 외

문해력 쑥쑥 운동 경기를 보다 보면 부상자를 출전 명단에서 제외했다는 말이 나올 때가 있지요? 제(除)는 '덜다, 없애다, 버리다'를, 외(外)는 '밖, 바깥'을 뜻해요. 제외는 **어떤 범위에서 따로 떼어 냄**을 의미하지요. 즉, **따로 떼어 내어 한데 놓이지 않음**을 말합니다. 반대말인 포함을 생각하면 쉽겠지요? 비슷한말로 '배제, 면제'가 있어요.

" 시험 범위에서 이 부분을 除外하신다고요? 만세! "

" 이 자료는 연관성이 없어서 이번 조사에서 除外합니다. "

실력 쑥쑥 QUIZ

Q. '제외'와 비슷한말에 모두 O표 하세요.

[함께 배제 포함 결말]

관련어 톡톡

중얼거리며 써 보기

除外	除外	除外		

답: 배제

| 281 |

제작

製 作

지을 제 지을 작

문해력 쑥쑥 판타지 소설이 영화로 제작된다고 해요. 와, 기대되네요. 인기 아이돌 그룹이 새로운 앨범을 제작한다고 해요. 와, 설레네요. 제(製)는 '짓다, 만들다'를, 작(作)도 '짓다, 만들다'를 뜻해요. 제작은 **재료를 사용하여 만듦**을 의미하지요. 한마디로 **새로운 물건이나 작품을 만드는 것**이에요. 비슷한말로 '생산, 개발'이 있어요.

" EBS 강용철 선생님은 음반을 製作하는 꿈을 가지고 있다. "

" 친구들의 사진을 모아 학급 앨범을 製作했어. "

실력 쑥쑥 QUIZ

Q. '제작'할 때는 창의적인 생각, 효과적인 기술, 다른 사람과의 협동이 필요해요. 가족, 친구와 함께 제작하고 싶은 물건, 작품 등을 적어 봅시다.

관련어 톡톡

중얼거리며 써 보기

製作	製作	製作		

| 282 |

증명

證 明

증거 증 밝을 명

문해력 쑥쑥 과학 실험은 과학자가 주장한 가설을 증명하기 위해 합니다. 증(證)은 '증거, 증명하다'를, 명(明)은 '밝다, 밝히다'를 뜻해요. 증명은 **진실인지 아닌지 증거를 들어서 밝힘**을 의미합니다. **주장, 이론, 가설이 사실임을 확인하는 것**을 말하지요. 비슷한말로 '입증, 검증'이 있어요.

" 교수님은 자신의 이론을 證明하기 위해 실험을 하셨어. "

" 그 사람은 결백을 證明하는 자료를 제출했다. "

실력 쑥쑥 QUIZ

Q. 생활 속에서 어떤 '증명서'를 사용한 경험을 떠올려 봅시다.

[예시] 영수증, 가족관계증명서 등

관련어 톡톡

중얼거리며 써 보기

證明	證明	證明		

| 283 |

진보

進 步

나아갈 진 걸음 보

문해력 쑥쑥 컴퓨터, 스마트폰, 인공지능의 공통점은? 과학이 진보하면서 새롭게 나타난 기술이지요. 진(進)은 '나아가다, 전진하다, 움직이다'를, 보(步)는 '걸음, 걷다'를 뜻해요. 진보는 **정도, 수준이 높아지고 향상하는 것**을 의미해요. 한마디로 **지금 상황보다 더 나아짐**을 말하는 것이지요. 반대말로 '퇴보'가 있어요.

“ 모든 사람이 평등하게 대접받는 사회로 進步하고 있습니다. ”

“ 인류의 進步를 가져오는 기술들이 대거 등장하고 있어. ”

실력 쑥쑥 QUIZ

Q. '진보'와 비슷한말에 O표, 반대말에 △표 하세요.

[발전 발달 퇴보 진화]

관련어 톡톡

중얼거리며 써 보기

進步	進步	進步		

답: ○, ○, △, ○

| 284 |

초래

招 來

부를 초 올 래

문해력 쑥쑥 스트레스를 받으면 건강 문제가 초래될 수 있어요. 우리 긍정적인 마음으로 즐겁게 공부합시다. 초(招)는 '부르다, 손짓하다'를, 래(來)는 '오다, 장래, 부르다'를 뜻해요. 초래는 **어떤 결과를 가져옴, 이끌어 냄**을 의미합니다. **일의 결과로써 어떤 현상을 생겨나게 함**을 말하지요. 비슷한말로 '유발, 야기'가 있어요.

" 지구 온난화는 해수면의 상승과
이상 기온의 발생을 招來했습니다. "

실력 쑥쑥 QUIZ

Q. '초래'의 한자 뜻을 푼 후에, 적절한 예문을 들어서 다른 사람에게 설명해 봅시다.

招: ______________________

來: ______________________

예문: ______________________

관련어 톡톡

중얼거리며 써 보기

招來	招來	招來		

| 285 |

통계
統 計
거느릴 통 셀 계

문해력 쑥쑥 데이터, 수치, 자료가 중요한 시대라는 말을 들어 보았지요? 여기에 더해 통계 자료를 보는 능력 역시 중요해요. 통(統)은 '거느리다, 합치다, 큰 줄기'를, 계(計)는 '세다, 셈하다, 예측하다'를 뜻해요. 통계는 **자료를 정리하여 한눈에 알아보기 쉽게 숫자로 나타냄**을 의미하지요. **일정한 체계에 따라 수치로 표시**한다고 생각하면 되겠어요.

" 전 세계에서 유튜브를 매일 10억 시간 시청한다는 統計가 있다고 해. "

" 정부는 코로나19 확진자 統計를 발표했다. "

실력 쑥쑥 QUIZ

Q. 통계청 사이트에서 관심 있는 검색어를 직접 검색해 봅시다.

[예시] 인구 수, 학생 수 등.

관련어 톡톡

중얼거리며 써 보기

統計	統計	統計		

| 286 |

통합

統 合

거느릴 통 합할 합

문해력 쑥쑥 부서를 통합한다, 비슷한 기관이 통합되다! 통(統)은 '거느리다, 합치다'를, 합(合)은 '합하다, 모으다, 만나다'를 뜻해요. 통합은 **여러 조직이나 기구를 하나로 모아 합침**을 의미해요. 즉, **여러 요소가 하나의 전체를 이루는 것**을 말하지요. 비슷한말로 '종합, 연합' 등이 있어요.

" 統合 교육은 학생들에게 매우 중요합니다. "

" 관련된 일을 하는 팀을 이번에 統合하도록 하겠습니다. "

실력 쑥쑥 QUIZ

Q. 일상생활에서 '통합'하면 좋겠다고 생각한 물건, 일 등을 창의적으로 떠올려 봅시다.

[예시] 연필+지우개, 자+가위 등.

관련어 톡톡

중얼거리며 써 보기

統合	統合	統合		

287

편의

便宜

편할 편 마땅 의

문해력 쑥쑥 여러분이 친구들과 자주 가는 곳이 있지요? 과자, 음료, 생필품 등을 파는 곳! 편의점입니다. 편의의 뜻을 잘 알고 있나요? 편(便)은 '편하다, 휴식하다'를, 의(宜)는 '마땅하다, 알맞다'를 뜻해요. 편의는 **형편, 조건이 편하고 좋음**을 의미해요. **생활하거나 일하는 데 편하고 좋은 것**을 말하지요. 비슷한말로 '편리, 편익'이 있어요.

" 便宜점은 24시간 영업이라 좋아요. 밤새 일하시는 분들, 감사합니다. "

실력 쑥쑥 QUIZ

Q. 편의점에서 자주 사는 품목을 나열해 봅시다.

[예시] 도시락, 과자, 음료수 등

관련어 톡톡

중얼거리며 써 보기

便宜	便宜	便宜		

| 288 |

흡수

吸 收

마실 흡 거둘 수

문해력 쑥쑥 선생님은 땀이 많은 편이어서 땀 흡수가 잘 되고 잘 마르는 옷을 좋아해요. 체력 회복을 위해 흡수가 잘 되는 영양제를 먹기도 하지요. 흡(吸)은 '마시다, 빨다, 들이쉬다'를, 수(收)는 '거두다, 모으다'를 뜻해요. 흡수는 **빨아서 거두어들임**을 의미해요. 즉, **외부의 물질을 안으로 빨아들임**을 말합니다. 한자 어휘를 머릿속에 쑥쑥 흡수해 봅시다.

" 이 식물은 나쁜 성분을 吸收하고, 좋은 성분을 배출한다고 해요. "

" 지식을 吸收해서 똑똑한 사람이 되어야지! "

실력 쑥쑥 QUIZ

Q. '흡수'는 다양한 상황에서 사용할 수 있습니다. 전자파를 흡수, 문화를 흡수 등. 국어사전에 나온 다양한 표현을 찾아 써 봅시다.

관련어 톡톡

중얼거리며 써 보기

吸收	吸收	吸收		

289

개입

介 入

깔개 들입

문해력 쑥쑥 당사자끼리의 일인데 다른 사람이 끼어들 때가 있어요. 제삼자가 개입한 경우이지요. 개(介)는 '끼다, 사이에 들다'를, 입(入)은 '들다, 간여하다'를 뜻해요. 개입은 **자신과 직접적인 관계가 없는 일에 끼어듦**을 의미해요. 비슷한말로 '간여, 간섭, 참견'이 있어요. 친구를 돕는 것은 좋지만 무슨 일이든 억지로 개입해서는 안 되겠지요.

"뉴스를 보니 다른 나라의 군사적 介入이 있을 예정이라고 한다."

"이 문제는 그 사람과 나의 문제야. 介入하지 않았으면 해."

실력 쑥쑥 QUIZ

Q. '개입'과 비슷한말에 모두 O표 하세요.

[참견 간섭 방관 관찰]

관련어 톡톡

중얼거리며 써 보기

답: 참견, 간섭

| 290 |

건국

建 國

세울 건 나라 국

문해력 쑥쑥 역사 공부를 하다 보면 건국이라는 말이 등장하지요? 건(建)은 '세우다, 일으키다'를, 국(國)은 '나라, 국가'를 뜻해요. 건국은 한자 뜻 그대로 **나라를 세움**을 의미해요. 비슷한말로 새로 나라를 세운다는 의미의 '개국'이 있어요. 나라를 세울 때 크게 도움을 준 신하는 '개국공신'이라고 합니다.

" 오늘은 고조선 建國을 주제로 공부해 봅시다. "

" 여러분은 우리나라의 建國 설화에 대해 잘 알고 있나요? "

실력 쑥쑥 QUIZ

Q. 고조선의 '건국'과 관련된 '단군 신화'를 검색하여 자세히 읽어 봅시다.

관련어 톡톡

중얼거리며 써 보기

建國	建國	建國		

291

경로

敬 老

공경 경 늙을 로(노)

문해력 쑥쑥 대중교통을 타면, 경로석이 있지요? 경(敬)은 '공경, 공경하다, 정중하다'를, 로(老)는 '늙다, 쇠하다'를 뜻해요. 경로는 **노인을 공경함**을 의미해요. 경로석은 대중교통에서 노인들만 앉도록 마련한 좌석이지요. 경로 정신은 노인을 공경하는 정신을 말해요. 우리 모두 노인을 존중하고 양보하는 경로 정신을 갖도록 합시다.

" 우리나라에는 노인의 날, 敬老의 날이 있다고 해. "

" 어른 세대를 존중하는 敬老 사상은 매우 중요합니다. "

실력 쑥쑥 QUIZ

Q. 경로석이 제대로 이용될 수 있는 홍보 문구를 작성해 봅시다.

[예시] 사회적 약자는 보호해야 하는 사람들입니다.

관련어 톡톡

중얼거리며 써 보기

敬老	敬老	敬老		

| 292 |

내외

內 外

안 내　바깥 외

문해력 쑥쑥 내외는 같은 한자로 여러 뜻이 담긴 특이한 어휘입니다. 내(內)는 '안, 속'을, 외(外)는 '밖, 바깥'을 뜻해요. 내외는 기본적으로 안과 밖을 의미해요. 경기장 내외라고 하면 경기장 **안과 밖**, 원고지 200자 내외라고 하면 **수량이 약간 덜하거나 넘는다는 의미**지요. 상황에 따라 **남자와 여자, 부부**를 말하기도 합니다.

“ 20자 內外로 답안을 작성하시오. ”

“ 학교 內外에서 모범적인 행동을 하도록 합시다. ”

실력 쑥쑥 QUIZ

Q. '내외'와 비슷한말에 모두 O표 하세요.

[초과 안팎 남짓 이상]

관련어 톡톡

중얼거리며 써 보기

內外	內外	內外		

답: 안팎, 남짓

| 293 |

모호

模 糊

모호할 모 풀칠할 호

문해력 쑥쑥 분명하지 않은 경우에 '알쏭달쏭하다, 애매모호하다'라는 말을 쓸 때가 있지요? 모(模)는 '본뜨다, 모호하다'를, 호(糊)는 '풀칠하다, 바르다'를 뜻해요. 모호는 주로 '모호하다'라는 동사 형태로 사용되는데, **말이나 태도가 흐리터분함**을 의미합니다. 분명하고 명확한 것과 반대되는 개념이지요.

" 그의 태도가 模糊해서 속마음을 알 수가 없어. "

" 네가 쓴 문장은 의미가 模糊하다. "

실력 쑥쑥 QUIZ

Q. 다음은 '모호'와 비슷한말입니다. 사전에서 뜻을 찾아봅시다.

알쏭달쏭하다: ____________

흐리터분하다: ____________

불명확하다: ____________

관련어 톡톡

흐릿하다
불투명
애매
알쏭달쏭
애매모호
불명확
미지근하다

중얼거리며 써 보기

模糊	模糊	模糊		

294

반증
反 證
돌이킬 반 증거 증

문해력 쑥쑥 상대방의 주장을 이기기 위해서는 반대되는 증거가 필요한 때도 있어요. 반(反)은 '되돌리다, 뒤집다'를, 증(證)은 '증거, 증명'을 뜻해요. 반증은 **어떤 주장에 대해 반대되는 근거를 들어 증명함**을 의미하지요. 반증은 더 정확하고 믿을 수 있는 결과를 얻기 위해 꼭 필요한 과정이랍니다.

"상대편 과학자는 실험을 통해 가설을 反證했다."

"새로운 증거가 나타나 이전의 가설을 反證했다고 해."

실력 쑥쑥 QUIZ

Q. '방증'이라는 말이 있습니다. 어른 중에도 두 단어를 혼동하는 경우가 있어요. 방증의 뜻을 찾아봅시다.

방증: ....

관련어 톡톡

중얼거리며 써 보기

反證	反證	反證		

| 295 |

발휘
發 揮
필 발　휘두를 휘

문해력 쑥쑥 어휘 공부를 열심히 하느라 힘들지요? 하지만 언젠가 뛰어난 어휘 실력을 발휘할 날이 오리라 생각해요. 발(發)은 '피다, 쏘다, 일어나다'를, 휘(揮)는 '휘두르다, 떨치다, 날다'를 뜻해요. 발휘는 **재능, 능력을 떨쳐 나타냄, 드러냄**을 의미해요. 능력 발휘, 실력 발휘라는 말을 떠올리면 쉽게 이해할 수 있습니다.

" 선생님들은 항상 학생들이 최고의 능력을 發揮할 수 있는 방법을 고민한다. 그러니 자신감을 갖자! "

실력 쑥쑥 QUIZ

Q. 삶에서 최고의 실력 '발휘'를 했던 경험을 떠올려 보고, 간단하게 내용을 작성해 봅시다.

관련어 톡톡

중얼거리며 써 보기

發 揮	發 揮	發 揮		

| 296 |

분할

分 割

나눌 분 벨 할

문해력 쑥쑥 동료들과 열심히 일을 해서 큰 이익을 얻게 되었어요. 모두 똑같이 분할해야겠지요? 분(分)은 '나누다, 나누어 주다'를, 할(割)은 '베다, 자르다, 나누다'를 뜻해요. 분할은 **나누어 쪼갬**을 의미하지요. 남한과 북한도 어떤 기준에 따라 한반도를 분할한 거예요. 반대말로 '통일'이 있어요.

“ 토지를 分割해야 하는 일이 생겼다. ”

“ 큰 비용이 드는군요. 分割해서 여러 달에 걸쳐 낼 수 있나요? ”

실력 쑥쑥 QUIZ

Q. '분할'과 '통일'을 넣어서 예문을 만들어 봅시다.

[예시] 분할된 우리의 땅이 언젠가 통일될 것을 믿는다.

관련어 톡톡

중얼거리며 써 보기

分割	分割	分割		

297

실체

實體

열매 실 몸 체

문해력 쑥쑥 뉴스를 보면 경찰이 사건의 실체를 밝혔다는 표현이 나올 때가 있어요. 실(實)은 '열매, 씨, 내용, 본질'을, 체(體)는 '몸, 신체, 근본'을 뜻해요. 실체는 **진정한 본질, 실제의 물체, 겉모습에 대한 실제 모습**을 의미합니다. 철학에서는 사물의 근원을 말하기도 해요. 비슷한말로 '본질, 실상, 실질' 등이 있어요.

" 착한 사람이라고 하던데, 이번에 實體가 밝혀졌구나. "

" 네, 소문의 實體가 드러났어요. 다행이네요. "

실력 쑥쑥 QUIZ

Q. '실체'라는 말은 현실에 존재하는 물체라는 의미로도 사용해요. 사전에서 예문을 찾아봅시다.

[예시] 짙은 안개 때문에 실체를 알아볼 수 없었다.

관련어 톡톡

중얼거리며 써 보기

實體	實體	實體		

298

실태
實態
열매 실 모습 태

문해력 쑥쑥 실태라는 어휘는 실제 상태라고 생각하면 이해하기 쉬워요. 실(實)은 '열매, 내용, 본질'을, 태(態)는 '모습, 모양, 상태'를 뜻해요. 실태는 **있는 그대로의 상태나 모양**을 의미하지요. 비슷한말로 '실상, 실정'이 있어요. 무엇이든 실태를 잘 파악해야 관리도 잘하고, 문제도 잘 해결할 수 있다는 점을 명심하세요.

" 공원의 이용 實態를 조사해 보았습니다. "

" 안전 實態를 점검하기 위해 공무원이 파견되었습니다. "

실력 쑥쑥 QUIZ

Q. 다음 중 '실태'와 비슷한말이 <u>아닌</u> 것은?

① 실상

② 실정

③ 가상

관련어 톡톡

중얼거리며 써 보기

實態	實態	實態		

답: ③

| 299 |

암송

暗 誦

어두울 암 외울 송

문해력 쑥쑥 집 주소, 주민등록번호를 외울 수 있나요? 조선시대 왕의 이름, 수학 공식 등도 외우고 있지요? 암(暗)은 '어둡다, 보이지 않다, 외우다'를, 송(誦)은 '외우다, 읊다, 말하다'를 뜻해요. 암송은 **글을 보지 않고 입으로 외워 말함**을 의미하지요. 암송은 내용을 자기 것으로 만들고 기억력을 높이는 데 도움이 된다고 해요.

" 국어 선생님께서는 시를 暗誦해 주셨다. "

" 유명한 연설 문장을 暗誦해 볼까? "

실력 쑥쑥 QUIZ

Q. 외우고 있는 시가 있나요? 있다면 한 구절만 적어 봅시다.

관련어 톡톡

중얼거리며 써 보기

暗 誦	暗 誦	暗 誦		

| 300 |

양극
兩 極
두 양(량) 다할 극

문해력 쑥쑥 지구를 떠올려 봅시다. 남극과 북극의 위치를 알고 있지요? 양쪽의 극단에 있는 남북극을 합쳐서 양극이라고 불러요. 양(兩)은 '두, 둘'을, 극(極)은 '다하다, 이르다'를 뜻해요. 양극은 **남극과 북극** 혹은 **두 의견이 심하게 반대되는 상태**를 말합니다. 동음이의어인 양극(陽極)은 음극(陰極)과 짝을 이루고 있어요.

" 그는 남극과 북극, 兩極을 모두 탐험한 위대한 탐험가야. "

" 부자와 가난한 사람 사이의 兩極화가 심해지고 있다. "

실력 쑥쑥 QUIZ

Q. '양극(兩極)'과 '양극(陽極)'을 사용해 짧은 문장을 만들어 보세요.

관련어 톡톡

중얼거리며 써 보기

兩極	兩極	兩極		

301

어조

語調

말씀 어 고를 조

문해력 쑥쑥 친구가 부드러운 어조로 말하면 기분이 좋지요? 선생님께서 다정한 어조로 말씀하시면 설명이 귀에 쏙쏙 들어와요. 어(語)는 '말씀, 이야기, 말'을, 조(調)는 '고르다, 조절하다, 어울리다'를 뜻해요. 즉, 어조는 **말의 가락**으로 **말을 할 때 소리의 높낮이에 변화를 주는 일**이에요. 어떤 어조로 말하는지에 따라 대화의 분위기가 달라진답니다.

" 친구의 비웃는 **語調**에 기분이 상했어요. "

" 상담가가 따뜻한 **語調**로 조언해 주었다. "

실력 쑥쑥 QUIZ

Q. '어조'와 비슷한말에 모두 O표 하세요.

[어투 말투 속도 억양]

관련어 톡톡

중얼거리며 써 보기

語調	語調	語調		

답: 어투, 말투, 억양

| 302 |

역설

逆說

거스를 역 말씀 설

문해력 쑥쑥 모순의 뜻을 기억하나요? 어떤 사실의 앞뒤가 맞지 않음을 뜻한다고 했지요. 역설도 그와 비슷한말이에요. 역(逆)은 '거스르다, 어기다, 어긋나다'를, 설(說)은 '말씀, 말'을 뜻해요. 역설은 모순과 비슷하지만, **그 속에 진실을 담고 있는 표현**이라는 점이 달라요. **어떤 주장에 반대되는 의견을 펼칠 때 쓰는 말**이기도 하지요.

" 건강하기 위해 운동을 했는데, 건강을 잃었다면 이것은 逆說입니다. "

" '소리 없는 아우성'은 逆說의 대표적인 표현이다. "

실력 쑥쑥 QUIZ

Q. '역설'은 신문이나 논설에서 자주 등장하는 표현이에요. 반대 의견을 낸다는 뜻을 살려 예문을 만들어 봅시다.

[예시] 요즘은 성실의 중요성이 역설되고 있다.

관련어 톡톡

중얼거리며 써 보기

逆說	逆說	逆說		

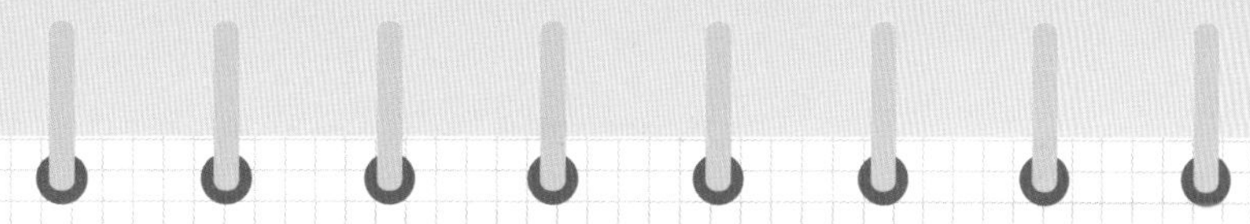

문해력으로 성장하는 우리 ⑩

한자어의 장점

문성우

선생님! 한자어를 많이 알면 어떤 점이 좋나요?

용철쌤

한자어를 쓰면 뜻을 더 자세하고
정밀하게 표현할 수 있어요.
예를 들어 '생각'이라는 고유어를 한자어로는
'기억, 상상, 사색' 등 다양하게 나타낼 수 있지요.

문성우

아, 그렇네요.
그러면 이제부터 한자어만 공부해야겠어요!

용철쌤

그건 안 돼요.
우리말은 고유어, 한자어, 외래어로 나뉘어져요.
모두 풍부한 어휘력을 만드는 데 필요한 것들이에요.
어휘 공부는 절대 편식해서는 안 되니
다 함께 열심히 하도록 해요.

함께 생각하기

고유어에는 우리 민족의 정서, 감각을 표현하는 말이 많습니다. 또한 한자어는 고유어에 비해 표현하고 싶은 말을 좀 더 정밀한 어휘로 표현할 수 있다는 특징이 있어요. 눈에 잡히지 않는 추상적인 개념을 나타내는 말도 많이 있지요. 따라서 고유어와 한자어, 모두 열심히 공부해 둡시다!

| 303 |

연합

聯 合

연이을 연(련) 합할 합

문해력 쑥쑥 친구와 컴퓨터 게임을 하다 보면 연합을 맺을 때가 있지요? 학교에서 여러 부서가 연합해서 일을 해야 할 때도 있어요. 연(聯)은 '연잇다, 잇다, 연결하다'를, 합(合)은 '합하다, 모으다'를 뜻해요. 연합은 **둘 이상의 사람, 집단이 합하여 하나가 되는 것**을 의미하지요. **서로 합동하고 협력하여 하나의 조직체를 만든다**고 생각하면 되겠어요.

" 유럽의 여러 국가들이 모여 유럽 聯合을 결성했다. "

" 이번 축제 때는 동아리 聯合 프로그램을 만들었습니다. "

실력 쑥쑥 QUIZ

Q. '연합'과 비슷한말에 연맹, 결합, 통합이 있습니다. 각각의 뜻을 찾아봅시다.

연맹: ______________________

결합: ______________________

통합: ______________________

관련어 톡톡

중얼거리며 써 보기

聯合	聯合	聯合		

| 304 |

영공
領空
거느릴 영(령)　빌 공

문해력 쑥쑥 우리나라의 주권이 미치는 범위에는 물, 땅, 하늘이 있지요? 바로 영해, 영토, 그리고 영공입니다. 영(領)은 '거느리다, 다스리다, 통솔하다'를, 공(空)은 '비다, 다하다'를 뜻해요. 영공은 **영토, 영해 위의 하늘로 주권이 미치는 범위**를 의미하지요. 고도에 따라 특별한 제한은 없어요. 아, 우주 공간은 모든 국가에 열린 자유로운 공간이랍니다.

" 항공기들은 각국의 領空 규정을 지켜야 합니다. "

" 다른 나라의 領空에 들어갈 때는 허가를 받아야 한다. "

실력 쑥쑥 QUIZ

Q. '영공'의 범위는 어디까지일까요? 인터넷에서 찾아보고 초성에 맞는 답을 써 봅시다.

영공의 범위에 대해서는 여러 학설이 있지만, ㄷㄱㄱ 에 한정된다고 보는 것이 일반적이다.

관련어 톡톡

중얼거리며 써 보기

領空	領空	領空		

답: 대기권

| 305 |

영토

領 土

거느릴 영(령) 흙 토

문해력 쑥쑥 '영해, 영공' 하면 함께 떠오르는 어휘가 있지요? 바로 '영토'입니다. 듣기만 해도 애국심이 솟아나는 어휘! 영(領)은 '거느리다, 다스리다, 통솔하다'를, 토(土)는 '흙, 땅'을 말해요. 영토는 **어느 나라의 통치권이 미치는 지역**을 의미해요. 주로 토지를 말하지만, 넓게는 영해와 영공을 포함하기도 해요.

" 세 나라 사이에 領土 분쟁이 일어났다. "

" 임금님은 領土를 확장하려고 했어요. "

실력 쑥쑥 QUIZ

Q. '영토'와 비슷한말에 모두 O표 하세요.

[땅 영역 분할 우주]

관련어 톡톡

중얼거리며 써 보기

領土	領土	領土		

답: 땅, 영역

| 306 |

영해

領海

거느릴 영(령) 바다 해

문해력 쑥쑥 우리나라의 통치권이 미치는 바다를 무엇이라고 할까요? 바로 영해입니다. 영(領)은 '거느리다, 다스리다, 통솔하다'를, 해(海)는 '바다, 바닷물'을 뜻해요. 영해는 **영토에 인접한 해역으로 나라의 통치권이 미치는 범위**를 의미해요. 1982년 국제연합 해양법 회의에서는 12해리를 영해의 폭으로 결정했어요. 약 22.2킬로미터지요.

" 領海의 환경 보호에 관한 연구가 필요해요. "

" 독도는 우리나라의 領海를 결정하는 데 매우 중요한 섬이에요. "

실력 쑥쑥 QUIZ

Q. '영해'의 반대말에 '공해'가 있습니다. 무슨 뜻인지 사전에서 찾아봅시다.

공해: ______________________

관련어 톡톡

중얼거리며 써 보기

領海	領海	領海		

| 307 |

입법

立 法

설 입(립) 법 법

문해력 쏙쏙 국가 권력은 입법부, 사법부, 행정부로 나뉘어져 있다는 이야기를 들어 보았나요? 입(立)은 '서다, 확고히 서다, 똑바로 서다', 법(法)은 '법'을 뜻해요. 입법은 **법을 세움, 법률을 제정함**을 의미하지요. 국회에서 법을 만들기 때문에 국회를 입법부라고 하는 거예요. 그 외에 법원은 사법부, 정부는 행정부라는 사실, 잘 기억해 두세요.

" 국회에서 평등과 관련된 立法 과정이 진행되고 있다. "

" 이번 立法을 통해 학생의 권리가 강화되었다고 해요. "

실력 쑥쑥 QUIZ

Q. 국회의원이 된다고 가정할 때, 만들고 싶은 법을 하나 제안해 봅시다.

[예시] 체육 시간을 매일 한 번씩으로 늘리는 법.

관련어 톡톡

중얼거리며 써 보기

立法	立法	立法		

| 308 |

자전

自 轉

스스로 자 구를 전

문해력 쑥쑥 자전이라는 말을 들으면, 지구의 자전이 떠오르지요? 자(自)는 '스스로, 자기, 몸소'를, 전(轉)은 '구르다, 회전하다, 맴돌다'를 뜻해요. 자전은 **저절로 돎, 스스로 돎**을 의미합니다. 과학 시간에 등장하는 자전은 **천체가 회전축을 중심으로 스스로 회전하는 운동**이라고 이해하면 되겠어요.

" 지구의 自轉으로 밤과 낮이 생깁니다. "

" 금성은 지구와 반대 방향으로 自轉한다고 해요. "

실력 쑥쑥 QUIZ

Q. '자전'을 주제로 공부하면 공전이라는 말도 만나게 돼요. 공전의 뜻을 검색하고 '지구'와 '태양'을 넣어 문장을 만들어 봅시다.

공전: ....

예문: ....

관련어 톡톡

줄얼거리며 써 보기

自轉	自轉	自轉		

| 309 |

재정

財 政

재물 재 정사 정

문해력 쑥쑥 돈과 관련된 일에는 재정이라는 어휘가 자주 등장해요. 재(財)는 '재물, 재산, 자산'을, 정(政)은 '정사, 구실, 법'을 뜻해요. 재정은 **개인, 가정, 단체의 경제 상태**를 의미하지요. **돈, 자금과 관련된 일**을 말하는 경제 용어예요. 가정도 사회도 재정 관리를 잘해야 경제가 튼튼해지겠지요?

"회사의 財政 상태가 좋아졌습니다."

"IMF 사태 때, 국가의 財政을 위해 국민들이 금 모으기를 했습니다."

실력 쑥쑥 QUIZ

Q. 저축을 하고 있나요? 용돈을 잘 사용하고 있나요? 여러분의 '재정' 상태에 점수를 매겨 봅시다.

소비: .... /10점

저축: .... /10점

관련어 톡톡

중얼거리며 써 보기

財政	財政	財政		

| 310 |

전개

展 開

펼 전 열 개

문해력 쑥쑥 전개는 여러 상황에 사용되는 어휘입니다. 아름다운 경치가 눈앞에 전개, 환경 운동을 전개, 소설의 전개 등! 전(展)은 '펴다, 나아가다'를, 개(開)는 '열다, 열리다, 개척하다'를 뜻해요. 전개는 **시작하여 벌임, 내용을 진전시켜 펴 나감**을 의미해요. 비슷한말로 '진행, 발전, 진전'이 있어요.

" 이 소설은 흥미진진하게 이야기가 展開되네.
생각지도 못한 놀라운 내용으로 展開되고 있어. "

실력 쑥쑥 QUIZ

Q. '전개'와 비슷한말에 모두 O표 하세요.

[시초 진전 진행 결말]

관련어 톡톡

중얼거리며 써 보기

展開	展開	展開		

답: 진전, 진행

311

전략

戰 略

싸움 전 간략할 략(약)

문해력 쑥쑥 전략이나 전술은 원래 군사 용어지만, 이제는 여러 분야에서 사용하는 어휘가 되었어요. 전(戰)은 '싸움, 전쟁, 싸우다'를, 략(略)은 '간략하다, 다스리다'를 뜻해요. 전략은 **전쟁을 이끌어 가는 방법이나 책략, 사회적 활동에서의 방법이나 책략**을 의미하지요. 전략을 잘 짜면 성공적인 결과를 얻을 수 있어요.

" 승리하기 위해 뛰어난 戰略을 세웠습니다. "

" 소비자를 대상으로 한 판매 戰略을 짜 봅시다. "

실력 쑥쑥 QUIZ

Q. '전략'은 큰 개념, 전술은 작은 개념이라고 합니다. 전술의 뜻을 찾아봅시다.

전술: ....

관련어 톡톡

중얼거리며 써 보기

戰略	戰略	戰略		

| 312 |

전성기

全 盛 期

온전할 전 성할 성 기약할 기

문해력 쑥쑥 어른들이 간혹 '그때가 내 인생의 전성기'라는 표현을 사용할 때가 있어요. 전(全)은 '온전하다, 갖추다'를, 성(盛)은 '성하다, 성대하다'를, 기(期)는 '기간, 기한'을 뜻해요. 전성기는 **형세, 세력이 한창 왕성한 시기**를 의미하지요. 여러분도 다가올 전성기를 위해 열심히 노력해 봅시다!

" 로마 제국은 全盛期에 많은 업적을 세웠습니다. "

" 그 배우가 드디어 全盛期를 맞이했어요. "

실력 쑥쑥 QUIZ

Q. 부모님과 함께 '부모님의 전성기'에 관해 대화를 나누어 봅시다.

관련어 톡톡

중얼거리며 써 보기

全盛期 全盛期 全盛期

| 313 |

전환
轉 換
구를 전 바꿀 환

문해력 쑥쑥 어휘 공부를 하니까 힘들다고요? 그럼 좋아하는 음악을 잠시 들어 봅시다. 와, 기분 전환이 되었지요? 전(轉)은 '구르다, 회전하다, 바꾸다'를, 환(換)은 '바꾸다, 교체되다'를 뜻해요. 전환은 **다른 방향, 다른 상태로 바꿈**을 의미하지요. 과학이나 전기 분야에서도 사용되곤 해요. 비슷한말로 '변화, 교체, 변경'이 있어요.

" 친구야, 발상의 轉換을 해 봐. "

" 디지털 혁명은 인류 역사에 중요한 轉換기를 가져왔습니다. "

실력 쑥쑥 QUIZ

Q. 스마트폰이 없는 삶을 생각해 본 적이 있나요? 스마트폰이 어떤 '전환'을 가져왔는지 생각해 봅시다.

관련어 톡톡

중얼거리며 써 보기

轉換	轉換	轉換		

| 314 |

정밀

精 密

정할 정 빽빽할 밀

문해력 쑥쑥 병원에서 검진을 받은 다음 더 자세하게 검사해야 할 때는 정밀 검사를 받으라고 해요. 정(精)은 '정하다, 정성스럽다, 세밀하다'를, 밀(密)은 '빽빽하다, 촘촘하다, 빈틈없다'를 뜻해요. 정밀은 **세밀한 곳까지 자세하고 빈틈이 없음, 정교하고 치밀하다**는 의미입니다. 정밀 검사가 필요 없도록 더욱 건강을 챙깁시다.

" 이 부분은 안전과 관련이 깊으니 더욱 精密하게 작업합시다. "

" 항공, 우주와 관련된 영역은 精密한 기술이 필요합니다. "

실력 쑥쑥 QUIZ

Q. 그동안 했던 일 중에서 가장 신중하고 '정밀'하게 작업했던 것을 적어 봅시다.

[예시] 3학년 때 했던 드론 조립.

관련어 톡톡

중얼거리며 써 보기

精密	精密	精密		

| 315 |

주관
主 觀
주인 주 볼 관

문해력 쑥쑥 객관적 사실, 주관적 의견이라는 말을 들어 보았나요? 주(主)는 '주인, 임금, 주체'를, 관(觀)은 '보다, 보이다'를 뜻해요. 주관은 **자신의 견해, 자기의 관점**을 의미해요. 주관은 개인의 생각, 가치관에 따라 다양하게 나타나지요. 비슷한말로 '주체, 중심'이 있고, 반대말로 '객관'이 있어요. 늘 자신의 주관을 뚜렷하게 지키는 사람이 됩시다.

" 그 친구는 자기의 主觀을 확실하게 가지고 있습니다. "

" 예술에 대한 개인의 생각은 主觀적일 수 있습니다. "

실력 쑥쑥 QUIZ

Q. '주관'과 '객관'이라는 말을 넣어 짧은 글을 만들어 봅시다.

[예시] '하늘이 파랗다'는 객관, '하늘이 예쁘다'는 주관이다.

관련어 톡톡

중얼거리며 써 보기

主觀	主觀	主觀		

| 316 |

주권
主 權
주인 주 권세 권

문해력 쑥쑥 일제강점기에 독립운동가들은 독립과 주권을 위해 목숨을 다해 싸우셨습니다. 주(主)는 '주인, 임금'을, 권(權)은 '저울, 권한, 권리'를 뜻해요. 주권은 한자 뜻 그대로 **가장 중요한 권리, 주인이 된 권리**입니다. 즉, **국가의 의사를 최종적으로 결정하는 권력**을 말하지요. 그래서 모든 국가는 자신의 주권을 보호하기 위해 노력하고 있어요.

" 대한민국의 主權은 국민에게 있고, 모든 권력은 국민으로부터 나온다. "

" 主權은 포기해서는 안 되는 가장 중요한 권리다. "

실력 쑥쑥 QUIZ

Q. '주권'과 비슷한말에 모두 O표 하세요.

[국권 권리 의무 경제]

관련어 톡톡

중얼거리며 써 보기

主 權	主 權	主 權		

답: 국권, 권리

| 317 |

중점
重 點
무거울 중 점 점

문해력 쏙쏙 '중점을 둔다'라는 표현을 들어 보았나요? 중(重)은 '무겁다, 소중하다, 귀중하다'를, 점(點)은 '점, 측면'을 뜻해요. **가장 중요하게 여겨야 할 점**을 중점이라고 하지요. 비슷한말로 '핵심, 주안점, 요점' 등이 있어요. 언제나 중점을 잘 파악해야 우선순위를 정할 수 있고, 목표도 달성할 수 있어요.

"우리 학교는 인성 교육에 重點을 두고 있습니다."

"후반전에는 공격보다 수비에 重點을 두어야 합니다."

실력 쏙쏙 QUIZ

Q. 다음 초성 단서를 보고 '중점'과 비슷한말을 적어 봅시다.

ㅍㅇㅌ, ㅊㅈ

관련어 톡톡

중얼거리며 써 보기

重點	重點	重點		

답: 포인트, 초점

318

진공

眞 空

참 진 빌 공

문해력 쑥쑥 흔히 우주 공간을 진공 공간이라고 해요. 진(眞)은 '참, 진리, 본질'을, 공(空)은 '비다, 없다, 공허하다'를 뜻해요. 진공은 **공기와 같은 물질이 전혀 존재하지 않는 공간**을 의미합니다. 곰곰이 생각해 보면 일상생활에서도 사용되곤 하지요. 진공 포장, 진공청소기……. 이럴 때는 **공기나 다른 기체가 극히 적은 상태**를 말해요.

" 반도체는 먼지가 들어가면 안 돼서 眞空 상태에서 만든다고 한다. "

" 眞空 상태인 우주에는 중력이 없다. "

실력 쑥쑥 QUIZ

Q. '진공' 상태인 우주에서는 지구에서와는 다른 현상이 일어나죠. 우주의 진공에 대해 찾아보고, 우주에서 하고 싶은 일을 생각해 봅시다.

관련어 톡톡

중얼거리며 써 보기

眞空	眞空	眞空		

| 319 |

참조

參照

참여할 참 비칠 조

문해력 쑥쑥 보고서를 쓰거나 과제를 하다 보면 다른 자료를 함께 제시해야 할 때가 있어요. 참(參)은 '참여하다, 간여하다'를, 조(照)는 '비추다, 견주어 보다'를 뜻해요. 참조는 **관련된 사항을 함께 살펴봄**을 의미하지요. 비슷한말로 '참고'가 있어요. 글을 쓸 때 참조를 넣으면 자세하고 정확한 자료나 출처를 표기할 수 있어요.

" 인터넷 자료를 參照하여 보고서를 작성했다. "

" 관련 뉴스 參照. "

실력 쑥쑥 QUIZ

Q. 교과서에 '참조'와 같이 관련 사항이 나와 있는 경우를 찾아봅시다.(국어 교과서, 사회 교과서 찾아보기)

관련어 톡톡

중얼거리며 써 보기

參照	參照	參照		

| 320 |

척도

尺 度

자 척 법도 도

문해력 쑥쑥 양, 크기를 측정하려면 기준이 되는 단위가 필요해요. 척(尺)은 '자, 길이, 법'을, 도(度)는 '법도, 자'를 뜻해요. 척도는 **자로 재는 길이의 표준**을 의미해요. 또한 **평가, 측정할 때 따라야 할 기준**을 말하기도 하지요. 비슷한말로 '단위, 기준, 잣대' 등이 있어요. 척도가 정확해야 수치도 맞게 잴 수 있습니다.

" 성적은 다양한 尺度로 판단해야 합니다. "

" 돈을 많이 버는 것이 성공의 尺度는 아니다. "

실력 쑥쑥 QUIZ

Q. 평소에 자주 사용하는 측정 단위를 모두 적어 봅시다.

[예시] 미터, 킬로그램 등.

관련어 톡톡

중얼거리며 써 보기

尺度	尺度	尺度		

321

체계

體 系

몸 체 맬 계

문해력 쑥쑥 여러 가지 일을 해야 할 때 마구잡이로 하면 제대로 처리할 수 없어요. 일이 많을 때는 체계를 만들어야 효율적이지요. 체(體)는 '몸, 신체, 형상'을, 계(系)는 '매다, 묶다, 얽다'를 뜻해요. 체계는 **일정한 원리에 따라서 짜임새 있게 조직된 전체**를 의미하지요. 비슷한말로 '조직, 질서, 계통'이 있어요.

" 공부를 할 때도 體系적으로 계획하고 실천해야 해. "

" 체중을 줄이려면 식단을 體系적으로 관리해야지. "

실력 쑥쑥 QUIZ

Q. '체계'와 비슷한말에 모두 O표 하세요.

[합체 조직 전개 질서]

관련어 톡톡

중얼거리며 써 보기

體系	體系	體系		

답: 조직, 질서

| 322 |

추론

推 論

밀 추 논할 론(논)

문해력 쑥쑥 추론은 추리와 비슷한 의미 같지요? 추(推)는 '밀다, 옮다, 헤아리다'를, 론(論)은 '논하다, 서술하다, 말하다'를 뜻해요. 추리가 알고 있는 것을 바탕으로 알지 못하는 것을 미루어서 생각하는 것이라면 추론은 **미루어 생각하여 논함**이라는 의미입니다. 추론은 논거, 근거를 바탕으로 논리적인 생각을 하는 것입니다.

" 사실에 근거한 推論을 해야 합니다.
따라서 지금 말씀하신 推論은 비합리적입니다. "

실력 쑥쑥 QUIZ

Q. 국어사전에서 '논리, 유추'를 찾아서 뜻을 확인해 봅시다.

논리: ....

유추: ....

관련어 톡톡

중얼거리며 써 보기

推論	推論	推論		

| 323 |

추리

推 理

밀 추 다스릴 리(이)

문해력 쑥쑥 추리 소설을 읽어 본 적이 있나요? 단서로 사건을 추리하여 해결하는 과정이 흥미진진하지요? 추(推)는 '밀다, 헤아리다'를, 리(理)는 '다스리다, 깨닫다'를 뜻해요. 추리는 **알고 있는 것을 바탕으로 알지 못하는 것을 미루어서 생각함**을 의미합니다. 추리를 잘하려면 관찰력, 판단력, 논리력이 중요하겠지요?

" 명탐정 코난이 推理하는 과정이 흥미진진하다. "

" 推理할 때는 과정이 논리적이고 타당해야 해. "

실력 쑥쑥 QUIZ

Q. '추리' 소설을 읽어 본 경험이 있나요? 가장 재미있게 읽은 소설은 무엇인지 적어 봅시다.

관련어 톡톡

중얼거리며 써 보기

推理	推理	推理		

| 324 |

출처

出 處

날출 곳처

문해력 쑥쑥 인터넷에서 검색한 정보를 바탕으로 과제를 작성할 때는 꼭 출처를 적어야 합니다. 책의 내용을 인용했을 때도 마찬가지지요. 출(出)은 '나다, 나타나다, 내다'를, 처(處)는 '곳, 때'를 뜻해요. 출처는 **사물, 말, 소문이 생기거나 나온 곳**을 의미하지요. 출처를 적으면 정보의 신뢰성을 높일 수 있고, 다른 사람의 저작권을 존중하게 됩니다.

" 동영상의 出處를 확인해 보자. "

" 과제를 제출할 때는 꼭 出處를 적어야 해요. "

실력 쑥쑥 QUIZ

Q. 책의 '출처'를 적을 때에는 어떤 내용을 적으면 좋을지 적어 봅시다.

[예시] 저자 이름, 출판사 등.

관련어 톡톡

중얼거리며 써 보기

出處	出處	出處		

| 325 |

함축
含 蓄
머금을 함 모을 축

문해력 쑥쑥 시를 감상해 본 적이 있지요? 시는 짧은 글 속에 작가의 말과 생각을 함축하고 있어요. 함(含)은 '머금다, 넣다, 품다'를, 축(蓄)은 '모으다, 쌓다'를 뜻해요. 함축은 **말, 글이 많은 뜻을 담고 있음**을 의미하지요. **겉으로 드러내지 않고 속에 간직**한다는 말입니다. 숨은 의미를 파악하기 위해 노력해야겠지요?

" 그분의 말씀은 많은 의미를 含蓄하고 있어요. "

" 含蓄 표현을 잘 활용하면 좋은 시를 쓸 수 있습니다. "

실력 쑥쑥 QUIZ

Q. '함의, 내포'는 다소 어려운 말이지요? 사전에서 뜻을 찾아봅시다.

함의: ....

내포: ....

관련어 톡톡

중얼거리며 써 보기

含蓄	含蓄	含蓄		

| 326 |

확률

確 率

굳을 확 비율 률(율)

문해력 쑥쑥 일기예보를 보니 비가 올 확률이 높네요. 내가 응원하는 야구팀의 올 시즌 우승 확률이 나오고 있어요. 확(確)은 '굳다, 단단하다, 확실하다'를, 률(率)은 '거느리다, 따르다'를 뜻해요. 확률은 **일정한 조건에서 하나의 사건이 일어날 가능성의 정도**를 말하는 수학 용어입니다. 숫자가 클수록 사건이 일어날 확률도 커지겠지요.

" 올해 제가 응원하는 팀이 우승할 確率이 매우 큽니다. "

" 주사위를 던져서 1이 나올 確率은 1/6입니다. "

실력 쑥쑥 QUIZ

Q. 어휘 공부를 통해 어휘 실력이 좋아질 '확률'이 얼마나 될지 적어 봅시다.

....

....

관련어 톡톡

중얼거리며 써 보기

確率	確率	確率		

| 327 |

간척지

干 拓 地

방패 간 넓힐 척 땅 지

문해력 쑥쑥 100년 전 지도와 현재의 우리나라 지도를 비교해 볼까요? 간척지를 만드는 사업을 통해 지도가 변했다고 하더라고요. 간(干)은 '방패, 막다, 방어하다'를, 척(拓)은 '넓히다, 개척하다'를, 지(地)는 '땅, 곳'을 뜻해요. 간척지는 **바다나 호수를 둘러 막고 물을 빼 내어 만든 땅**을 의미해요. 간척을 하면 농사지을 땅, 공장을 지을 땅을 얻을 수 있지요.

" 네덜란드는 대규모의 干拓地를 만들었다. "

" 새만금은 국가에서 만든 干拓地다. "

실력 쑥쑥 QUIZ

Q. 3면이 바다로 둘러싸인 우리나라에는 많은 '간척지'가 있지요. 어떤 곳이 있는지 찾아봅시다.

관련어 톡톡

간척용지
간척사업
바다
간척
간척평야
호수

중얼거리며 써 보기

干拓地	干拓地	干拓地	

328

검증
檢證
검사할 검 증거 증

문해력 쑥쑥 자, 드디어 여러분이 어떤 신제품을 개발했다고 가정해 봅시다. 사람들에게 바로 알리기보다는 꼼꼼하게 검증해야겠지요? 검(檢)은 '검사하다, 조사하다'를, 증(證)은 '증거, 증명하다'를 뜻해요. 검증은 한자 뜻 그대로 **검사하여 증명함**을 의미합니다. 즉, **가설, 사실, 이론 등이 참인지 거짓인지 검사하는 것**을 말하지요.

" 이 이론은 전문가의 檢證을 거쳤습니다. "

" 어린이가 만지는 제품은 안전 檢證을 확실하게 해야 합니다. "

실력 쑥쑥 QUIZ

Q. '검증'과 비슷한말에 모두 O표 하세요.

[증명 입증 변명 궁리]

중얼거리며 써 보기

檢證	檢證	檢證		

답: 증명, 입증

329

계승

繼 承

이을 계 이을 승

문해력 쑥쑥 사극 드라마를 보니, 왕위를 계승한다는 말이 나오네요. 계(繼)는 '잇다, 이어 나가다, 계속하다'를, 승(承)은 '잇다, 받들다'를 뜻해요. 계승은 **조상의 전통, 문화, 업적을 물려받아 이어 나감**을 의미하지요. 즉, **뒤를 이어받는 것**을 말해요. 비슷한말로 '승계, 전승' 등이 있어요.

" 우리는 우수한 전통문화를 繼承하고 발전해야 한다. "

" 전통 음악을 繼承하려는 그 친구의 생각이 대견해. "

실력 쑥쑥 QUIZ

Q. 우리의 전통문화 중에서 '계승'되었으면 하는 것을 하나 소개해 봅시다.

관련어 톡톡

중얼거리며 써 보기

繼 承	繼 承	繼 承		

| 330 |

관념

觀 念

볼 관 생각 념(염)

문해력 쑥쑥 시간을 지키지 못하는 친구에게 어른들이 말씀하시네요. 시간관념이 중요하다고요. 잘 씻지 않는 친구에게 부모님이 말씀하시네요. 위생관념이 중요하다고요. 관(觀)은 '보다, 보게 하다, 나타내다'를, 념(念)은 '생각, 생각하다'를 뜻해요. 관념은 **어떤 일, 사물, 현상에 대한 견해나 생각**을 의미하지요.

" 지나치게 낡은 觀念을 버리고 변화를 맞이합시다. "

" 그는 너무 추상적인 觀念에 빠져 있어. "

실력 쑥쑥 QUIZ

Q. '관념'과 비슷한말로 '개념'이 있어요. 두 단어의 뜻이 어떻게 다른지 써 봅시다.

관념: ....

개념: ....

관련어 톡톡

중얼거리며 써 보기

觀念	觀念	觀念		

| 331 |

관점
觀 點
볼 관 점 점

문해력 쑥쑥 똑같은 일을 두고 긍정적인 관점으로 생각하는 친구가 있고, 부정적인 관점으로 생각하는 친구가 있지요? 관(觀)은 '보다, 보이게 하다'를, 점(點)은 '점, 측면'을 뜻해요. 관점은 **사물, 현상을 보는 입장, 태도, 처지**를 의미합니다. 비슷한말로 '시각, 시점, 입장, 태도'가 있어요. 긍정적인 관점으로 현상을 바라보면 더욱 행복해질 수 있겠지요?

“ 그림을 보고 이해하는 학생들의 觀點이 다르구나. ”

“ 새로운 觀點에서 문제를 바라보면 해결책이 보인다. ”

실력 쑥쑥 QUIZ

Q. 가족이나 친구와 대화할 때 '관점'이 달라서 갈등을 겪었던 경험을 적어 봅시다.

관련어 톡톡

중얼거리며 써 보기

觀點	觀點	觀點		

| 332 |

도모

圖謀

그림 도 꾀 모

문해력 쑥쑥 학급 행사를 진행해 본 적이 있나요? 뽐내기, 체육 활동, 체험 활동 등. 모두 친목을 도모하기 위해서 실시하는 활동이지요? 도(圖)는 '그림, 꾀하다, 그리다'를, 모(謀)는 '꾀, 모색하다'를 뜻해요. 도모는 **어떤 일을 이루려고 대책, 방법을 세우는 것**을 의미해요. 비슷한말로 '모색, 계획, 강구'가 있어요.

" (사극에서)전하! 지금은 다음 기회를 圖謀하셔야 합니다. "

" 체육대회를 통해 반 친구들과 친목을 圖謀했다. "

실력 쑥쑥 QUIZ

Q. '도모'와 비슷한말에 모두 O표 하세요.

[실패 계획 모색 결과 비참]

관련어 톡톡

중얼거리며 써 보기

圖謀	圖謀	圖謀		

답: 계획, 모색

333

부응

副應

버금 부 응할 응

문해력 쑥쑥 부모님은 여러분이 바르게, 그리고 착하게 성장하기를 바라시겠지요? 기대에 부응하기 위해 긍정적인 마음, 바른 생각을 품도록 합시다. 부(副)는 '버금, 다음'을, 응(應)은 '응하다, 맞장구치다, 화답하다'를 뜻해요. 부응은 **요구, 기대에 좇아서 응함**으로 **요구나 기대에 걸맞게 행동하는 것**을 말하지요.

" 국민의 기대에 副應하는 정치인이 되겠습니다. "

" 모둠원들의 요구에 副應하는 모둠장이 될게. "

실력 쑥쑥 QUIZ

Q. 네 개의 글자를 활용하여 '부응'과 비슷한 의미가 있는 두 개의 낱말을 만들어 봅시다.

[응 호 답 응]

관련어 톡톡

중얼거리며 써 보기

副應	副應	副應		

답: 응답, 호응

| 334 |

빈번

頻 繁

자주 빈 번성할 번

문해력 쑥쑥 평소에 생활하다 보면 나도 모르게 스마트폰을 습관처럼 보는 일이 빈번하지요? 빈(頻)은 '자주, 빈번히'를, 번(繁)은 '많다, 성하다, 번성하다'를 뜻해요. 빈번은 **일어나는 횟수가 매우 잦음**을 의미하지요. 빈번은 '빈번하다'의 형태로 자주 사용됩니다. 비슷한말에는 '잦다'가, 반대말에는 '드물다'가 있어요.

" 학생들이 물건을 분실하는 사건이 頻繁히 생겼어. "

" 頻繁한 교무실 출입은 자제해 주세요. "

실력 쑥쑥 QUIZ

Q. 최근 여러분에게 '빈번'히 일어나는 일은 무엇인지 짧게 설명해 봅시다.

관련어 톡톡

중얼거리며 써 보기

頻繁	頻繁	頻繁		

335

세시풍속

歲時風俗

해 세　때 시　바람 풍　풍속 속

문해력 쑥쑥 예부터 5월 단오에는 창포물에 머리를 감고 부채를 선물하던 풍습이 있었다고 해요. 이것이 단오의 세시풍속이지요. 세(歲)는 '해, 새해'를, 시(時)는 '때, 계절'을, 풍(風)은 '바람'을, 속(俗)은 '풍속'을 뜻해요. 세시풍속은 **해마다 일정한 시기에 되풀이하여 행해 온 고유의 풍속**을 의미하지요. 우리나라의 세시풍속은 기억하고 있는 것이 좋겠지요?

" 우리의 歲時風俗에는 자연의 변화에 적응한 조상들의 지혜가 담겨 있다. "

" 추석의 대표적인 歲時風俗은 강강술래야. "

실력 쑥쑥 QUIZ

Q. 외국인에게 소개하고 싶은 우리나라의 '세시풍속'을 하나 선택하고 설명해 봅시다.

관련어 톡톡

중얼거리며 써 보기

歲時風俗　歲時風俗　歲時風俗

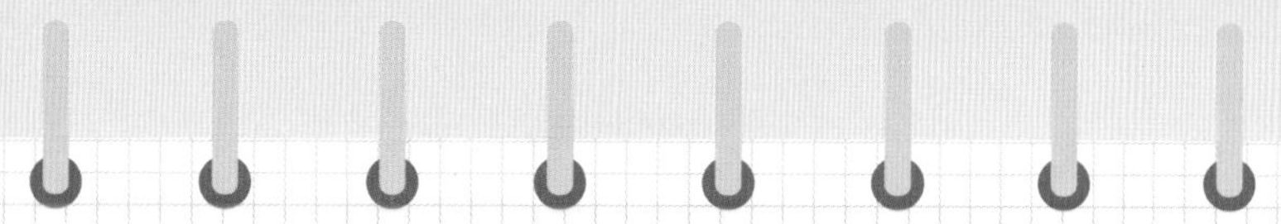

문해력으로 성장하는 우리 ⑪

사전 보는 법

문성우

선생님! 어휘력을 키우기 위해서는
사전을 찾아서 뜻만 보면 되나요?

뜻만 봐도 좋지만,
완벽한 어휘 학습을 할 수 있는 방법도 있어요.
사전을 활용한 공부법을 몇 가지 알려 줄게요.
첫째, 사전을 찾기 전에 어휘의 뜻을 추측하고 상상하라!
먼저 단어의 뜻을 추측한 다음에 사전을 찾아
자신이 생각한 것과 견주어 보면 더 기억에 오래 남아요.
둘째, 뜻을 꼼꼼하게 읽고, 사전 밑에 있는 예문을 살펴보라!
어휘가 사용된 문맥, 문장을 함께 보도록 해요.
그러면 어휘가 사용된 상황, 맥락을 알게 되지요.

용철쌤

문성우

단어의 뜻을 찾아보는 것 이외에도
사전으로 공부하는 방법이 다양한 것 같아요.
저도 더 꼼꼼하게 찾아볼게요!

함께 생각하기

사전은 어휘력을 높이는 데 아주 좋은 도구예요. 사전을 볼 때는 첫째, 어휘의 뜻을 먼저 추측해 보기. 둘째, 사전을 찾아서 사전적 의미와 내가 생각한 뜻을 견주기. 셋째, 어휘에 한자가 같이 표시되어 있다면 한자의 뜻도 보기. 이렇게 세 가지 단계에 따라 공부하면 더욱 확실하게 단어의 뜻을 기억할 수 있게 됩니다.

| 336 |

수립

樹 立

나무 수 설 립

문해력 쑥쑥 다이어트를 한다고 생각해 봅시다. 무엇보다 먼저 계획을 수립해야겠지요? 수(樹)는 '나무, 세우다'를, 립(立)은 '서다, 정해지다'를 뜻해요. 수립은 **국가, 정부, 제도, 계획을 세움**을 의미해요. 계획을 수립하고 체계적으로 실천하면 원하는 목표에 한 걸음씩 다가갈 수 있어요.

" 학생의 행복을 위한 정책이 많이 樹立되어야 합니다. "

" 스마트폰 사용을 차차 줄일 수 있는 계획을 樹立해 봅시다. "

실력 쑥쑥 QUIZ

Q. '수립'과 비슷한말에 모두 O표 하세요.

[구축 확립 폐쇄 독립]

관련어 톡톡

중얼거리며 써 보기

樹立	樹立	樹立		

답: 구축, 확립

| 337 |

연계

連 繫

잇닿을 연(련) 맬 계

문해력 쑥쑥 노래 가사 중에 '너와 나의 연결 고리, 이건 우리 안의 소리'라는 표현이 있어요. 이 내용이 연계와 밀접한 관련이 있어요. 연(連)은 '잇닿다, 연속하다'를, 계(繫)는 '매다, 이어 매다, 묶다'를 뜻해요. 연계는 **잇따라 맴, 관계를 맺음**을 의미하지요. 비슷한말로 '연결, 연관'이 있어요.

" 학교와 마을이 連繫하여 축제를 열었습니다. "

" 나중에 대학교에 들어가면 連繫 전공을 공부하고 싶어. "

실력 쑥쑥 QUIZ

Q. '연계'라는 단어를 넣어 짧은 문장을 써 봅시다.

[예시] 우리 학교에서는 예체능 연계 교육을 하고 있다.

관련어 톡톡

중얼거리며 써 보기

連繫	連繫	連繫		

| 338 |

열거

列 擧

벌일 열(렬) 들 거

문해력 쑥쑥 먹고 싶은 것을 나열해 볼까요? 하고 싶은 것을 열거해 볼까요? 열(列)은 '벌이다, 늘어놓다'를, 거(擧)는 '들다, 움직이다'를 뜻해요. 열거는 **여러 가지 예나 사실을 죽 늘어놓는 것**을 말해요. 비슷한말로 '배열, 나열, 배치'가 있어요. 열거를 하면 자세하고 구체적인 내용을 알 수 있다는 장점이 있지요.

" 그 친구는 장점이 많아서 일일이 列擧하기 어려울 정도야. "

" 우리가 해결할 문제를 列擧해 봅시다. "

실력 쑥쑥 QUIZ

Q. '열거'와 비슷한말이 아닌 것은?

① 단열

② 배열

③ 나열

관련어 톡톡

중얼거리며 써 보기

列擧	列擧	列擧		

답: ①

| 339 |

유적지
遺 蹟 地
남길 유 발자취 적 땅 지

문해력 쑥쑥 옛 건축물, 고분, 궁, 성곽의 공통점은 무엇일까요? 바로 유적지라는 것입니다. 유(遺)는 '남기다, 남다'를, 적(蹟)은 '발자취, 자취, 행적, 업적'을, 지(地)는 '땅, 토지, 곳'을 뜻해요. 유적지는 **유적이 있는 곳, 옛사람이 남긴 건축물, 무덤 등이 있는 장소**를 의미하지요.

" 수학여행 장소를 정하기 위해 여러 遺蹟地를 답사했다. "

" 문화유산 보호를 위해 遺蹟地를 잘 보존해야 합니다. "

실력 쑥쑥 QUIZ

Q. 우리나라 혹은 세계에서 유명한 '유적지'는 무엇이 있을까요? 세 개만 적어 봅시다.

① ______ ② ______

③ ______

관련어 톡톡

중얼거리며 써 보기

遺蹟地	遺蹟地	遺蹟地	

| 340 |

의결

議 決

의논할 의 결단할 결

문해력 쑥쑥 뉴스를 보면 국회에서 국회의장이 망치를 '땅땅' 치며 의결한다고 하는 내용이 나올 때가 있어요. 의(議)는 '의논하다, 토의하다'를, 결(決)은 '결단하다, 결정하다'를 뜻해요. 의결은 **의논하여 결정함, 합의하여 의사를 결정함**을 의미하지요. 토의를 하고 주로 투표나 합의로 결정을 내릴 때 사용하는 말입니다.

“ 아파트 주민 회의에서 안건에 대한 議決을 발표했다. ”

“ 새로운 회장 선출을 議決합시다. ”

실력 쑥쑥 QUIZ

Q. '의결'이라는 말을 인터넷에서 찾아보고 최근에 어떤 법이 의결됐는지 써 봅시다.

관련어 톡톡

중얼거리며 써 보기

議決	議決	議決		

| 341 |

일환

一 環

한 일 고리 환

문해력 쏙쏙 역사 교육의 하나로 서대문 형무소를 견학했다! 이때 일환은 어떤 의미일까요? 일(一)은 '하나, 일'을, 환(環)은 '고리, 둘레'를 뜻해요. 일환은 한자 뜻으로 **고리의 하나**, 즉 **줄지어 있는 많은 고리 가운데 하나**로 **서로 밀접한 관계로 연결된 여러 가지 중에서 한 부분**을 말하지요.

" 국토 개발의 一環으로 도로 건설이 추진되었다. "

" 건강관리의 一環으로 아침 먹기 운동을 합시다. "

실력 쏙쏙 QUIZ

Q. 고리를 뜻하는 '환'은 여러 가지가 하나로 얽혀 있는 상황을 설명할 때 자주 쓰여요. '환'이 들어간 다른 단어의 뜻도 살펴봅시다.

순환: ....

환경: ....

관련어 톡톡

중얼거리며 써 보기

一環	一環	一環		

| 342 |

입증
立 證
설 입(립) 증거 증

문해력 쑥쑥 주장을 입증, 가설을 입증, 결백을 입증! 입(立)은 '서다, 확고히 서다, 정해지다'를, 증(證)은 '증거, 증명'을 뜻해요. 입증은 **증거, 근거, 이유를 내세워 증명함**을 의미하지요. 무언가를 입증하기 위해서는 정확한 자료, 정보가 필요합니다. 비슷한말로 '증명, 검증' 등이 있어요.

" 무죄를 立證하기 위해 변호사를 만났다. "

" 주장을 立證하기 위해 증거를 제시했어. "

실력 쑥쑥 QUIZ

Q. '입증'할 때는 정확한 자료, 정보가 필요합니다. 여러분은 평소에 어떤 방법으로 자료와 정보를 찾는지 생각해 봅시다.

관련어 톡톡

중얼거리며 써 보기

立證	立證	立證		

343

잠재

潛 在

무자맥질할 잠 있을 재

문해력 쑥쑥 여러분은 무한한 가능성을 지닌 사람들입니다. 많은 능력이 잠재된 학생들이지요. 잠(潛)은 '가라앉다, 감추다, 숨기다'를, 재(在)는 '있다, 존재하다, 찾다'를 뜻해요. 잠재는 **겉으로 드러나지 않고 속에 숨어 있음**을 의미하지요. 여러분은 마치 흙 속에서 싹을 틔우기 위해 존재하는 씨앗과 같이 엄청난 잠재력이 있는 존재입니다.

" 우리는 자신의 潛在력을 찾기 위해 노력해야 해. "

" 인간의 무의식과 의식 사이에 있는 의식을 潛在의식이라고 해. "

실력 쑥쑥 QUIZ

Q. 초성 단서를 보고 '잠재'의 반대말을 적어 봅시다.

잠재 ⇔ ㅎㅈ

관련어 톡톡

중얼거리며 써 보기

潛在	潛在	潛在		

답: 현재

344

장려

獎勵

장려할 장 힘쓸 려(여)

문해력 쑥쑥 선생님께서 에너지 절약을 장려하시네요. 부모님께서는 저축을 장려하시고요. 장(獎)은 '권면하다, 칭찬하다'를, 려(勵)는 '힘쓰다, 권장하다'를 뜻해요. 장려는 **좋은 일에 힘쓰도록 북돋아 줌**을 의미하지요. 무언가 좋은 일을 열심히 하도록 권장하고 권유하는 느낌이 드는 어휘이지요?

"학교에서 학생들의 독서를 獎勵하는 프로그램을 실시하고 있습니다."

"EBS 강용철 선생님은 국어 공부를 獎勵하십니다."

실력 쑥쑥 QUIZ

Q. '장려'와 비슷한말에 모두 O표 하세요.

[북돋움 권장 권유]

관련어 톡톡

중얼거리며 써 보기

獎勵	獎勵	獎勵		

답: 모두

| 345 |

지표
指 標
가리킬 지 표할 표

문해력 쑥쑥 건강과 관련된 글을 읽다 보면 체중이 건강의 지표라는 이야기를 볼 때가 있어요. 온실가스 문제는 환경 변화의 지표이지요. 지(指)는 '가리키다, 지시하다'를, 표(標)는 '표하다, 나타내다'를 뜻해요. 지표는 **목적, 방향, 기준을 나타내는 표지**를 의미합니다. 비슷한말로 '잣대, 기준, 척도' 등이 있어요.

" GDP는 경제 성장의 주요 指標입니다. "

" 선생님이 해 주신 말씀을 인생의 指標로 삼고 있어요. "

실력 쑥쑥 QUIZ

Q. 경제가 어떤 상태인지 알려 주는 '경제지표'의 종류는 다양하죠. 인터넷에서 어떤 것이 있는지 찾아봅시다.

관련어 톡톡

중얼거리며 써 보기

指標	指標	指標		

| 346 |

착안

着 眼

붙을 착 눈 안

문해력 쑥쑥 정보에 착안하다, 편리함에 착안하다, 특성을 착안하다! 착(着)은 '붙다, 입다, 쓰다'를, 안(眼)은 '눈, 보다'를 뜻해요. 한자를 풀면 '눈을 붙이다'지만 실제 뜻은 **어떤 일을 주의해서 봄**을 의미하지요. **문제를 해결하기 위한 실마리를 잡는 것**을 말하기도 해요. 착안은 새로운 것을 만들거나 방법 등을 생각하는 기초가 되기도 합니다.

"장애인의 불편함에 着眼해서 만든 발명품입니다."

"오, 좋은 점에 着眼했군요."

실력 쑥쑥 QUIZ

Q. '착안'과 비슷한말로 '착목'이 있어요. 사전에서 그 뜻을 찾아봅시다.

착목: ______________________________

관련어 톡톡

중얼거리며 써 보기

着眼	着眼	着眼		

| 347 |

총괄
總 括
다 총 묶을 괄

문해력 쑥쑥 공부하다 보면 중간에 간단한 시험을 보는 때도 있고, 단원이 끝나면 종합해서 총괄 평가를 보는 경우도 있지요? 총(總)은 '다, 모두, 모아 묶다'를, 괄(括)은 '묶다, 동여매다'를 뜻해요. 총괄은 **개별적인 여러 가지를 모아서 묶음**을 의미하지요. 즉, **모든 일을 통틀어 두루 살피는 것**을 뜻합니다. 개별적인 것도, 종합적인 것도 모두 열심히!

" 교장 선생님은 여러 일들을 總括하고 계십니다. "

" 이번 모둠 활동은 조원과 선생님의 總括 평가로 점수를 매긴다. "

실력 쑥쑥 QUIZ

Q. '총괄'과 비슷한말에 모두 O표 하세요.

[각자 종합 일괄 개별]

관련어 톡톡

중얼거리며 써 보기

總 括	總 括	總 括		

답: 종합, 일괄

| 348 |

추상

抽 象

뽑을 추 코끼리 상

문해력 쑥쑥 사랑, 이별, 미움! 무엇인지 알고 있지만, 눈에 보이는 구체적인 모습이 없어서 추상적인 느낌이 듭니다. 추(抽)는 '뽑다, 빼다, 당기다'를, 상(象)은 '코끼리, 모양, 형상'을 뜻해요. 추상은 **여러 가지 사물, 개념에서 공통되는 특성이나 속성을 뽑아 냄**을 의미하지요. 반대말로는 '구체, 구상'이 있어요.

" 피카소의 그림은 抽象적인 부분이 있다. "

" 질문은 抽象적인 것보다 구체적인 것이 좋아요. "

실력 쑥쑥 QUIZ

Q. '추상'과 '구체'라는 말을 넣어 문장을 만들어 봅시다.

[예시] 논설문에서는 추상적인 표현보다 구체적인 표현을 쓰는 것이 좋다.

관련어 톡톡

중얼거리며 써 보기

抽象	抽象	抽象		

| 349 |

치열

熾 烈

성할 치 매울 열

문해력 쑥쑥 가수를 뽑는 오디션 프로그램의 경쟁이 매우 치열합니다. 치(熾)는 '성하다, 불사르다, 불길이 세다'를, 열(烈)은 '맵다, 대단하다, 세차다'를 뜻해요. 치열은 **불길이 매움**, 즉 **기세, 세력이 불길 같이 맹렬함**을 의미하지요. 치열한 경쟁, 치열한 토론처럼 형용사로도 많이 사용되곤 해요.

" 이번 축구 경기는 매우 熾烈하리라 예상합니다. "

" 결국 熾烈한 연습을 한 팀이 우승하게 되었네요. "

실력 쑥쑥 QUIZ

Q. '치열'과 비슷한말인 '맹렬, 격렬'이 어떻게 다른지 뜻을 찾아 써 봅시다.

맹렬: ....

격렬: ....

관련어 톡톡

중얼거리며 써 보기

熾烈	熾烈	熾烈		

| 350 |

탁월

卓越

높을 탁 넘을 월

문해력 쑥쑥 '실력이 탁월하다, 능력이 탁월하다'라는 말을 들어 본 적이 있나요? 탁(卓)은 '높다, 뛰어나다, 세우다'를, 월(越)은 '넘다, 넘기다, 초과하다'를 뜻해요. 탁월은 **남보다 두드러지게 뛰어남**을 의미하지요. 비슷한말로 '뛰어나다, 눈부시다'가 있어요. 탁월함은 우수한 재능, 기술이 있을 때 듣게 되는 말이지요.

“ 그분의 피아노 연주는 정말 卓越하다. ”

“ 卓越한 성적을 거두었기에 이 상을 드립니다. ”

실력 쑥쑥 QUIZ

Q. 다른 친구들보다 자신이 뛰어나다고 생각하는 기술, 능력, 장점에 대해 써 봅시다.

[예시] 다른 친구들보다 집중력이 좋은 편이다.

관련어 톡톡

중얼거리며 써 보기

卓越	卓越	卓越		

| 351 |

토대

土 臺

흙 토 대 대

문해력 쑥쑥 건물을 세울 때는 토대를 튼튼하게 해야 합니다. 일을 할 때도 토대가 중요해요. 토(土)는 '흙, 땅'을, 대(臺)는 '대, 무대, 시초, 받침대'를 뜻해요. 토대는 **건축물의 맨 아랫부분** 또는 **사물, 사업의 밑바탕이 되는 기초나 밑천**을 의미합니다. 무슨 일이든 토대를 잘 닦아야 쉽게 무너지지 않겠지요?

" 작가는 자기 경험을 土臺로 이번 소설을 썼다. "

" 이 건물은 콘크리트 土臺 위에 세워졌어. "

실력 쑥쑥 QUIZ

Q. '토대'와 비슷한말에 모두 O표 하세요.

[기초 폐허 기본 천장 밑바닥]

관련어 톡톡

중얼거리며 써 보기

土臺 土臺 土臺

답: 기초, 기본, 밑바닥

| 352 |

확산

擴 散

넓힐 확 흩을 산

문해력 쑥쑥 누군가 방귀를 뀌었어요. 구린 냄새가 퍼지네요. 누군가 식초의 뚜껑을 열었어요. 시큼한 식초 향이 퍼지네요. 확(擴)은 '넓히다'를, 산(散)은 '흩다, 흩뜨리다, 흩어지다'를 뜻해요. 확산은 **흩어져 널리 퍼짐**을 의미해요. 비슷한말로 '전파, 분산'이 있어요.

" 소문이 빠르게 擴散되었다고 합니다. "

" 스마트폰과 인터넷은 전 세계로 빠르게 擴散된 대표적인 기술입니다. "

실력 쑥쑥 QUIZ

Q. '확산'과 비슷한말에 모두 O표 하세요.

[전파 잠재 분산 소급]

관련어 톡톡

중얼거리며 써 보기

擴散	擴散	擴散		

답: 전파, 분산

| 353 |

확충
擴 充
넓힐 확 채울 충

문해력 쑥쑥 도로가 부족해요. 도로를 확충해야 해요. 예산이 부족해요. 예산을 확충해야겠네요. 확(擴)은 '넓히다'를, 충(充)은 '채우다, 가득하다'를 뜻해요. 확충은 **늘리고 넓혀 충실하게 함**을 의미합니다. 보강하고 확장한다는 느낌이 드는 어휘이지요. 주변을 둘러보면서 확충할 곳이 있는지 살펴보는 습관을 들이는 것도 좋겠어요.

" 관광객이 많아서 숙박 시설을 더 擴充해야 합니다. "

" 우리 학교로 오는 버스 노선을 擴充한다고 해. "

실력 쑥쑥 QUIZ

Q. 혹시 생활에 불편한 점이 있나요? '확충'해야 할 공공시설이 있는지 살펴봅시다.

[예시] 지하철에 엘리베이터가 없어서 노인들의 통행이 불편하다.

관련어 톡톡

중얼거리며 써 보기

擴充	擴充	擴充		

| 354 |

누적

累積

묶을 루(누) 쌓을 적

문해력 쑥쑥 피로가 누적된 부모님의 어깨를 주물러 드려 볼까요? 누(累)는 '묶다, 거듭하다, 포개다'를, 적(積)은 '쌓다, 많다'를 뜻해요. 누적은 **포개어 여러 번 쌓음**을 말하지요. **반복되거나 겹쳐 늘어남**을 의미하는 것이에요. 시간이 흘러가며 점점 커지는 변화라는 점을 반드시 기억해요.

" 경고 累積으로 이번 경기에 출전하지 못했습니다. "

" 강용철 선생님의 EBS 국어 수강 학생이 累積 100만 명을 넘었습니다. "

실력 쑥쑥 QUIZ

Q. '누적'되었을 때 좋은 것과 그렇지 않은 것을 구분해서 적어 봅시다.

누적돼서 좋은 것: ....

누적돼서 안 좋은 것: ....

관련어 톡톡

중얼거리며 써 보기

累積	累積	累積		

355

문헌

文 獻

글월 문 드릴 헌

문해력 쑥쑥 역사를 알기 위해서는 옛 문헌을 살펴봐야 해요. 문(文)은 '글월, 문서, 책'을 헌(獻)은 '드리다, 바치다'를 뜻해요. 문헌은 **옛날의 제도, 문물을 아는 데 증거가 되는 기록**을 의미해요. 또한 **연구의 자료가 되는 서적**을 말하기도 합니다. 자주 쓰는 표현인 참고 문헌을 떠올리면 되겠네요.

" 국립중앙도서관에는 오래된 文獻들이 보관되어 있다. "

" 보고서를 쓰기 위해 관련된 文獻을 찾아보았어. "

실력 쑥쑥 QUIZ

Q. '문헌'과 비슷한말에 모두 O표 하세요.

[문서 논설문 서적 자료 보고서]

관련어 톡톡

중얼거리며 써 보기

文獻	文獻	文獻		

답: 문서, 서적, 자료

| 356 |

변천
變 遷
변할 변 옮길 천

문해력 쑥쑥 줄이 있는 유선 전화부터 오늘날의 스마트폰까지……. 전화의 변천이 대단하지요? 변(變)은 '변하다, 움직이다'를, 천(遷)은 '옮기다, 옮겨가다'를 뜻해요. 변천은 **시간의 변화, 세월의 흐름에 따라 바뀌고 변함**을 의미하지요. 비슷한말로 '움직임, 변이, 추이'가 있어요.

" 전시회에서 컴퓨터의 變遷을 볼 수 있다. "

" 박물관에서 옷의 變遷을 한눈에 파악할 수 있었어. "

실력 쑥쑥 QUIZ

Q. '어리다'가 지금은 나이가 적다는 의미이지만, 옛날에는 어리석다는 의미였어요. 이렇게 시간이 지나며 뜻이 바뀐 말을 찾아봅시다.

관련어 톡톡

중얼거리며 써 보기

變遷	變遷	變遷		

| 357 |

유기적
有 機 的
있을 유 틀 기 과녁 적

문해력 쑥쑥 이끔이, 지킴이, 칭찬이, 기록이처럼 모둠원들이 유기적으로 협력할 때 모둠 활동이 성공하지요? 유(有)는 '있다, 존재하다'를, 기(機)는 '틀, 기계'를, 적(的)은 '과녁, 표준'을 뜻해요. 유기적은 **각 부분이 서로 긴밀하게 연결되어 떼어 낼 수 없는 것**을 의미해요. 마치 생물체의 조직과 같은 느낌이지요.

" 학교에서는 선생님과 학생들이 有機的으로 협력하여 좋은 분위기를 만듭니다. "

실력 쑥쑥 QUIZ

Q. '유기적'은 '유기적 관계, 유기적 결합'처럼 사용되곤 합니다. 어떤 분야에서 이런 말을 사용할지 사전에서 예문을 찾아봅시다.

관련어 톡톡

중얼거리며 써 보기

有機的	有機的	有機的	

| 358 |

의거

依 據

의지할 의 근거 거

문해력 쑥쑥 '법률에 의거하여, 사실에 의거하여, 자료에 의거하여' 이런 말을 들어 본 적이 있나요? 의(依)는 '의지하다, 돕다, 따르다'를, 거(據)는 '근거, 증거'를 뜻해요. 의거는 **어떤 사실, 원리에 근거함**을 의미하지요. 무언가를 주장할 때는 그냥 말하는 것보다 자료, 정보, 이론 등을 제시하면 훨씬 믿을 만하겠지요?

" 법률에 依據하여, 이와 같은 조치를 시행합니다. "

" 실험 결과에 依據하여 내용을 수정합시다. "

실력 쑥쑥 QUIZ

Q. '의거'와 비슷한말로 알맞게 짝지어진 것은?

① 근거, 입각

② 피해, 사실

③ 모순, 변론

관련어 톡톡

중얼거리며 써 보기

依據	依據	依據		

답: ①

| 359 |

재구성

再 構 成

두 재 얽을 구 이룰 성

문해력 쑥쑥 재(再)는 '두, 재차'를, 구(構)는 '얽다, 얽어 짜내다'를, 성(成)은 '이루다, 이루어지다'를 뜻해요. **만들었던 것, 구성하였던 것을 다시 만들거나 새롭게 구성하는 것**을 재구성이라고 하지요. 비슷한말로 '재조직, 재편성'이 있어요. 재구성을 하면 새로운 방식, 좋아진 형태로 만들 수도 있겠네요.

"이번에 사내 조직을 再構成하겠습니다."

"소설의 내용을 다시 再構成해 보자."

실력 쑥쑥 QUIZ

Q. 어제 있었던 기억에 남는 일을 두 문장으로 짧게 '재구성'해 봅시다.

관련어 톡톡

중얼거리며 써 보기

再構成	再構成	再構成	

| 360 |

쟁점
爭 點
다툴 쟁 점 점

문해력 쑥쑥 학급 회의 때 뜨겁게 관심을 받는 쟁점이 생길 때가 있지요? 쟁(爭)은 '다투다, 논쟁하다'를, 점(點)은 '점, 얼룩, 측면'을 뜻해요. 쟁점은 **서로 다투는 중심이 되는 점, 서로 다투는 중심 사항**을 의미하지요. 쟁점은 무조건 나쁜 것이 아니라 문제를 해결하기 위한 중요 사항이라고 생각하면, 슬기롭게 대처할 수 있어요.

" 동물원을 추가로 만드는 문제가 爭點으로 다루어졌다. "

" 爭點을 잘 파악해야 문제를 해결할 수 있다. "

실력 쑥쑥 QUIZ

Q. 최근에 다른 사람과 갈등을 겪었던 경험을 떠올려 보고, 문제의 '쟁점'을 적어 봅시다.

관련어 톡톡

중얼거리며 써 보기

爭點	爭點	爭點		

| 361 |

저작권

著 作 權

나타날 저 지을 작 권세 권

문해력 쑥쑥 작곡가들이 가진 저작권, 작가가 가진 저작권! 저작권이라는 말을 들어 보았지요? 저(著)는 '나타내다, 분명하다'를, 작(作)은 '짓다, 만들다, 창작하다'를, 권(權)은 '권력, 권세, 권리'를 뜻해요. 저작권은 **저작물을 만든 사람 또는 대신하는 사람의 권리**를 말합니다. 저작권은 저작자가 세상을 떠난 뒤 70년간 유지된다고 해요.

"작가의 著作權을 침해하지 않도록 해야 합니다."

"著作權법을 공부하면 내 저작물의 권리를 지킬 수 있어."

실력 쑥쑥 QUIZ

Q. '저작권'을 뜻하는 영문인 카피라이트의 의미를 사전에서 찾아봅시다.

copyright: ....

관련어 톡톡

저작권료

창작권

카피라이트

저작물

저작권침해

중얼거리며 써 보기

著作權	著作權	著作權	

| 362 |

존칭
尊稱
높을 존 일컬을 칭

문해력 쑥쑥 우리말에는 높임법이 있지요? 또한 존칭도 있어서 다른 사람을 높여 부르기도 합니다. 존(尊)은 '높다, 높이다, 공경하다'를, 칭(稱)은 '일컫다, 부르다'를 뜻해요. 존칭은 **공경하는 뜻으로 높여 부르는 말**을 의미하지요. 존칭은 존경과 공경을 담은 표현으로 상대방을 존중하는 마음을 담은 것이랍니다.

" 메일을 쓸 때도 상대에게 맞는 尊稱을 쓰는 것이 좋아. "

" 선생님이라는 尊稱은 듣기만 해도 행복합니다. "

실력 쑥쑥 QUIZ

Q. '존칭'의 반대말이 '비칭'입니다. '비칭'의 한자어 뜻을 찾아봅시다.

관련어 톡톡

중얼거리며 써 보기

尊稱	尊稱	尊稱		

| 363 |

촉구

促 求

재촉할 촉 구할 구

문해력 쑥쑥 뉴스를 보면 자신의 주장을 내세우는 사람들이 '무엇무엇을 촉구한다!'라는 표현을 쓰는 것을 볼 수 있어요. 촉(促)은 '재촉하다, 다그치다, 촉박하다'를, 구(求)는 '구하다, 청하다'를 뜻해요. 촉구는 **급하게 재촉하여 요구함**을 의미합니다. 누군가가 조치를 취하거나 행동하도록 촉진하기 위해 쓰는 말이지요.

" 환경 단체는 기후 변화 대책을 促求하는 집회를 열었습니다. "

" 저출생 상황을 극복하는 대책을 促求하는 목소리입니다. "

실력 쑥쑥 QUIZ

Q. '촉구'와 비슷한말에 모두 O표 하세요.

[결단 재촉 요구 회귀]

관련어 톡톡

중얼거리며 써 보기

促求	促求	促求		

답: 재촉, 요구

| 364 |

추세

趨 勢

달아날 추 형세 세

문해력 쑥쑥 한국에서 신생아의 출산이 점점 감소하는 추세라고 합니다. 이와 관련된 정책도 증가하는 추세라고 해요. 추(趨)는 '달아나다, 따라 행하다'를, 세(勢)는 '형세, 기세, 동향'을 뜻해요. 추세는 **어떤 현상이 일정한 방향으로 나아가는 경향**을 의미해요. 추세를 파악하는 것은 미래의 변화를 아는 것이겠지요?

" 스마트폰 사용 시간이 증가하는 趨勢라고 해요. "

" 어휘 공부가 점차 강조되는 趨勢입니다. "

실력 쑥쑥 QUIZ

Q. 요즘 인기가 올라가는 '추세'에 있는 가수, 패션, 영상 등이 있나요? 나의 관심 분야가 있다면 적어 봅시다.

관련어 톡톡

중얼거리며 써 보기

趨勢	趨勢	趨勢		

| 365 |

추출

抽 出

뽑을 추 날 출

문해력 쑥쑥 커피를 만드는 과정을 보면 커피를 갈아서 가루로 만들고 뜨거운 물을 부어 커피를 추출하지요? 추(抽)는 '뽑다, 빼다'를, 출(出)은 '나다, 나타나다'를 뜻해요. 추출은 **전체 속에서 어떤 물건, 생각, 요소를 뽑아냄**을 의미합니다. 특정 물질에서 원하는 성분을 뽑아내는 장면을 상상해 보면 되겠어요.

" 영상에서 음성만 따로 抽出했어. "

" 과일에서 섬유질을 抽出한 음료입니다. "

실력 쑥쑥 QUIZ

Q. '추출'과 비슷한말로 '검출'이 있습니다. 국어사전에서 찾아 뜻을 견주어 봅시다.

추출: ....

검출: ....

관련어 톡톡

중얼거리며 써 보기

抽出	抽出	抽出		

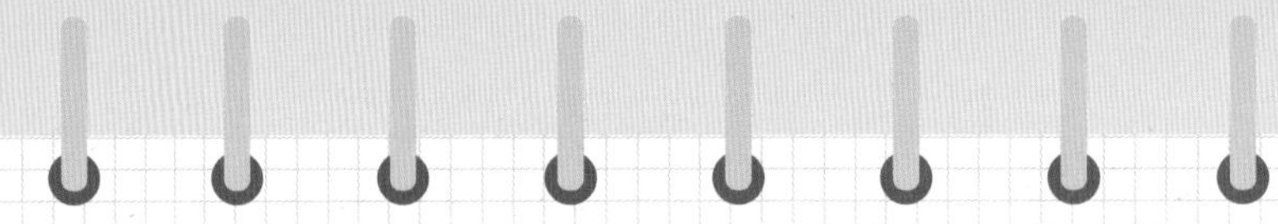

문해력으로 성장하는 우리 ⑫

사전 활용법

문성우

선생님! 이전에 이야기해 주신 사전 공부법!
그 외에도 알아야 할 게 있나요? 나머지도 알려 주세요.

용철쌤

어휘의 뜻과 예문을 본 후에,
유의어, 반의어와 같은 단어도 함께 봐요.

문성우

아하, 비슷한말, 반대말을 말씀하시는 거죠?

용철쌤

네, 맞아요.
'네이버 국어사전'에서 단어를 검색하면
유의어와 반의어를 확인할 수 있어요.
또한 그 어휘를 사용해서
직접 말로 표현해 보는 것을 강력히 추천해요.

함께 생각하기

사전을 활용한 공부에는 다양한 방법이 있습니다. 단어의 여러 뜻 찾아보기, 표기는 같은데 뜻이 완전히 다른 말도 찾아보기, 어휘의 유의어, 반의어 살펴보기, 직접 어휘를 사용해 말해 보고 글쓰기 등!
이처럼 단순히 뜻만 파악하고 넘어가기보다는 다양한 방식을 활용해서 어휘를 익히다 보면 자연스럽게 글과 말에서 어휘를 사용할 수 있게 될 날이 올 거예요. 모두들 어휘왕이 될 때까지 파이팅!